日本陸軍の基礎知識

明治の兵器編

藤田昌雄

協力・軍事法規研究会

潮書房光人新社

目次

日本陸軍の基礎知識
——明治の兵器編

幕末の小銃

第1話

「ゲベール銃」「エンピール銃」を始め、明治時代から大正にかけて採用された、日本陸軍の各種歩兵兵器を紹介していく！

鉄砲の伝来

日本に火薬による銃が初めて伝来した詳細な時期は不明ながら、大陸より「火槍」等の呼称で呼ばれる前装式の簡易銃器の伝来が初めてである。だが、この「火槍」類は日本で普及することはなかった。

「小銃」の形態を持つ銃器は、天文十二年（一五四三年）のポルトガル船による「種子島」への鉄砲伝来の後に、この「鉄砲《てっぽう》（火縄銃）」を模倣して「種子島」の通称で呼ばれる「和製火縄銃」の生産がわが国でも開始された。

初期の「火縄銃」の主体は「十匁《もんめ》玉」と呼ばれる、重量三十七・五グラム、直径八ミリの鉛製の丸玉を黒色火薬で発射するものが主流であり、武士が用いることから「士筒《さむらいづつ》」とも呼ばれた。

この時期は「鉄砲」を大型化させることで「大砲」も出現しているものの、分類上は「鉄砲」のカテゴリーに入っている時期もあり、「大砲」は「大筒《おおづつ》」とも呼ばれ主体は百匁（三百七十五グラム）前後の鉄製球形砲弾を発射した。

また、三十匁（百十二・五グラム）前後の玉を発射する鉄砲を「中筒《ちゅうづつ》」と呼び、二十匁（七十五グラム）の玉を発射する鉄砲は「小筒《こづつ》」と呼ばれており、「小筒」は主に「武士」が射撃戦闘時に用いる銃であった。

なお、戦時での実際の射撃戦闘の主体となる「歩兵」の前身である「足軽」が用いる「足軽鉄砲」は、「三匁五分玉」と呼ばれる口径四ミリ、重量十三グラムの球形鉛玉が用いられた。

この「足軽鉄砲」は、戦時での戦闘用と併せて、平時での狩猟・害獣駆除の両面から「鉄砲《てっぽう》」の呼称で広く国内に普及した。

この他に口径四ミリ以下の火縄銃は、後の「拳銃」と同じ扱いで護身用ないし馬上で用いられるもので「短筒《たんづつ》」ないし「馬上筒《ばじょうづつ》」と呼ばれており、一部では「ピストル」の原音に近い「ピストーレ」等の呼称も用いられていた。

洋式銃の輸入

江戸時代も末期に至ると海外からの脅威を受けて、国防体制はオフィシャルな中央直轄の国防軍である「幕府軍」と、地方軍に相当する国内各藩が保有する「藩兵」の二元体系による陸軍と海軍が編成されて日本の国防に従事しており、「幕府軍」と各「藩兵」はフランス、イギリス、オランダを軸として編成・戦術の修得を行なうとともに、「三兵《さんぺい》」と呼ばれる「歩兵」「砲兵」「騎兵」の三兵科を主体とした洋式陸軍の編成・訓練を始めていた。

　また、国内要地に沿岸防衛用の「台場《だいば》」と呼ばれる沿岸防衛砲台の構築と併せて、兵器面では敵艦の攻撃に備えて大型の海岸砲と、敵上陸軍殲滅のため「山砲」を主体とした洋式野砲と、近接戦闘用の洋式小銃の整備が急がれ、欧米列強より各種火砲・小銃の輸入と併せて国内での模倣生産が行なわれた。

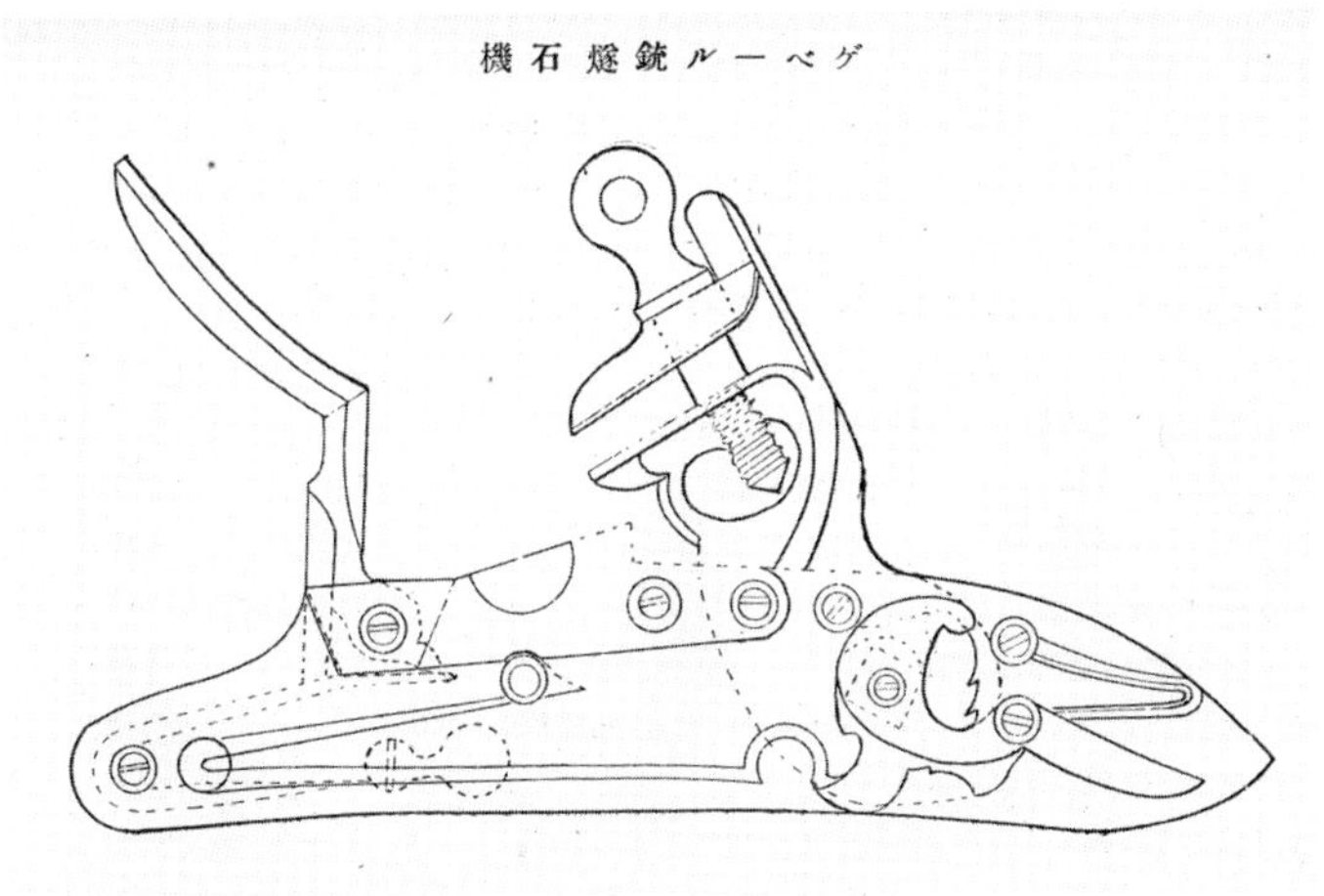

ゲベール銃の「燧石式」の撃発装置

　日本に初めて近代的な洋式銃が輸入されたのは、長崎の「高島秋帆」が天保二年（一八三一年）にオランダ人船長より私費で購入した小銃が最初である。

　輸入された小銃はオランダ語で「小銃」を意味する「ゲベール」を冠して「ゲベール銃」と呼ばれており、当時のフランス陸軍の主力小銃であった。

　輸入された「ゲベール銃」の特徴として、装弾方法は「火縄銃」と同様に前装式ではあるものの、発火方式が「火縄」ではなく風雪に影響されずに発火が可能な「燧石（火打石）」を用いた「燧石式」であるとともに、射程が「火縄銃」の二倍あるほか、銃口部分にソケットタイプの「銃槍」と呼ばれる槍状の「銃剣」を装着することで「槍」としての使用も可能であった。

「ゲベール銃」には「長小銃」と「短小銃」の二種類があり、全長一四九四ミリ、口径十七・五ミリ、重量四千四百六十九グラムの「長小銃」は歩兵用とされ、「短小銃」は騎兵や後方部隊用に用いられていた。「ゲベール銃」には銃身にライフリングは無く、弾薬は球形鉛弾で黒色火薬が用いられてい

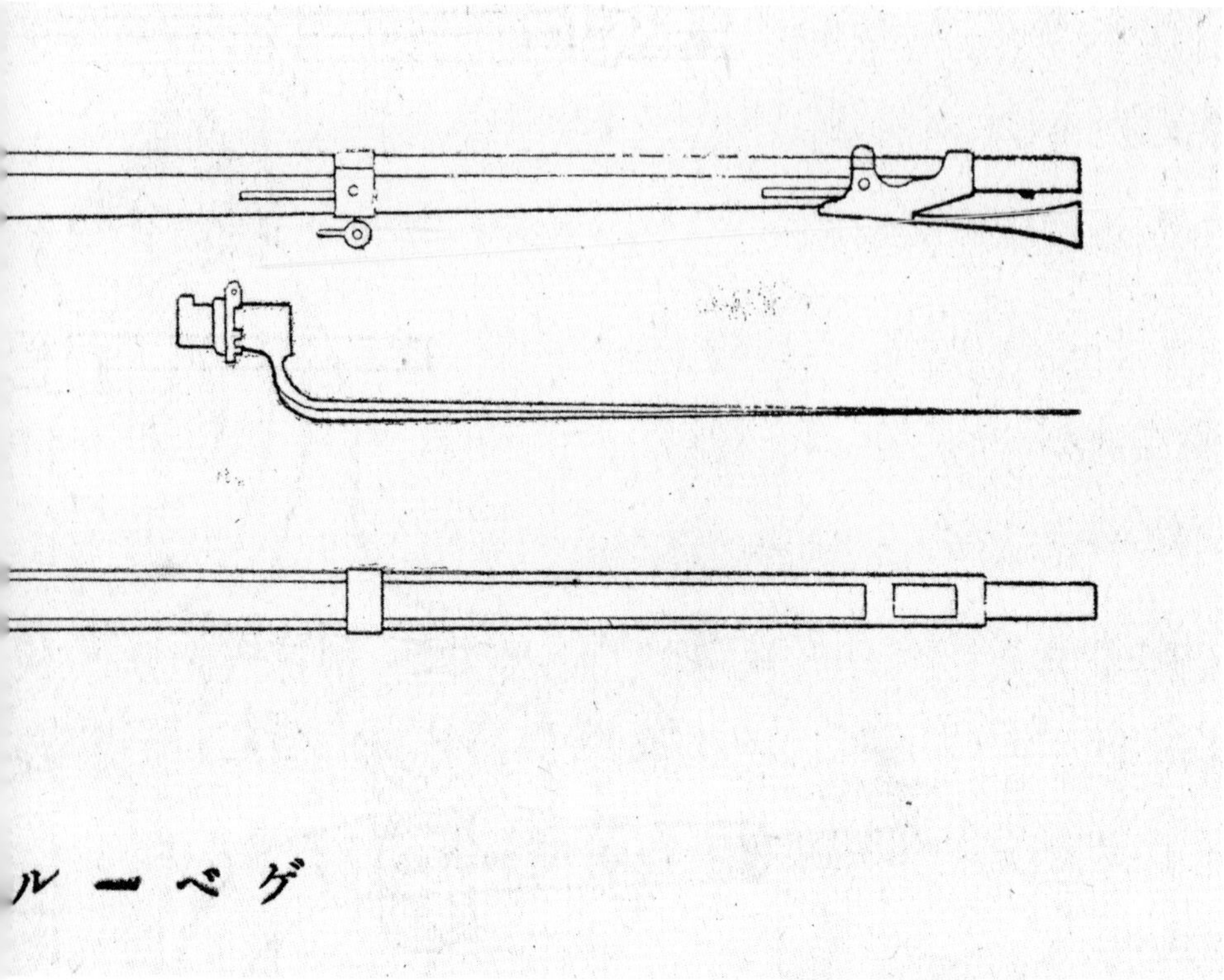

リングは無い。撃発機構が従来の火縄式から風雪の影響を受けない「火打石」を用いた「燧石式」であり、
能であった。イラストは全長1494ミリの長銃身の歩兵用であり、銃床と銃身を固定する金具が３つあるこ
た。後に「ゲベール銃」は撃発方式を「燧石式」、より確実な発火が可能な「雷管式」に改造されていく

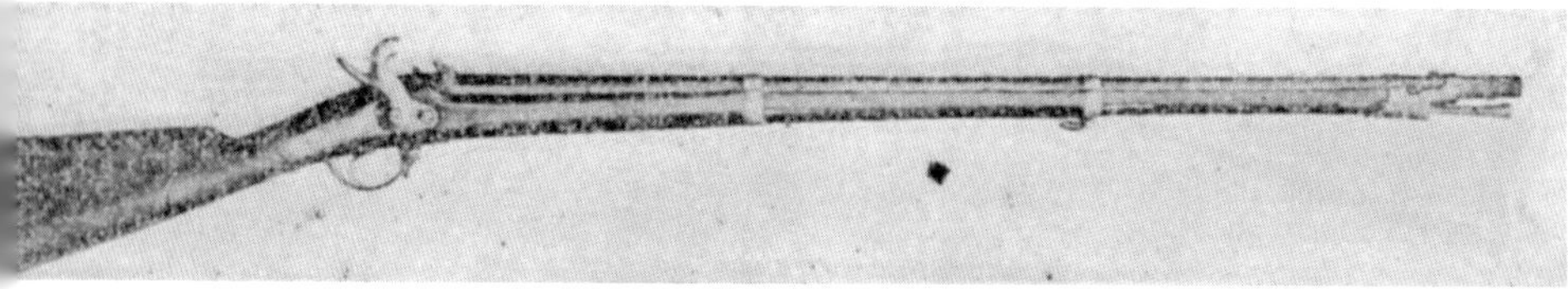

雷管式に改造された「ゲベール銃」

た。

後に「ゲベール銃」は、撃発方式を既存の「燧石式」から、より確実な撃発が可能な「雷管」を用いる「雷管式」に改造され、元治元年（一八六四年）の「元治の変（蛤御門の変）」「第一次長州征伐」、慶応二年（一八六六年）の「慶応の変」「第二次長州征伐」では彼我両軍で多用された銃であるが、その後の後装（元込）式のライフリングの施された施條銃の普及により、慶応四年（一八六八年）から明治二年（一八六九年）にかけての「戊辰戦争」の

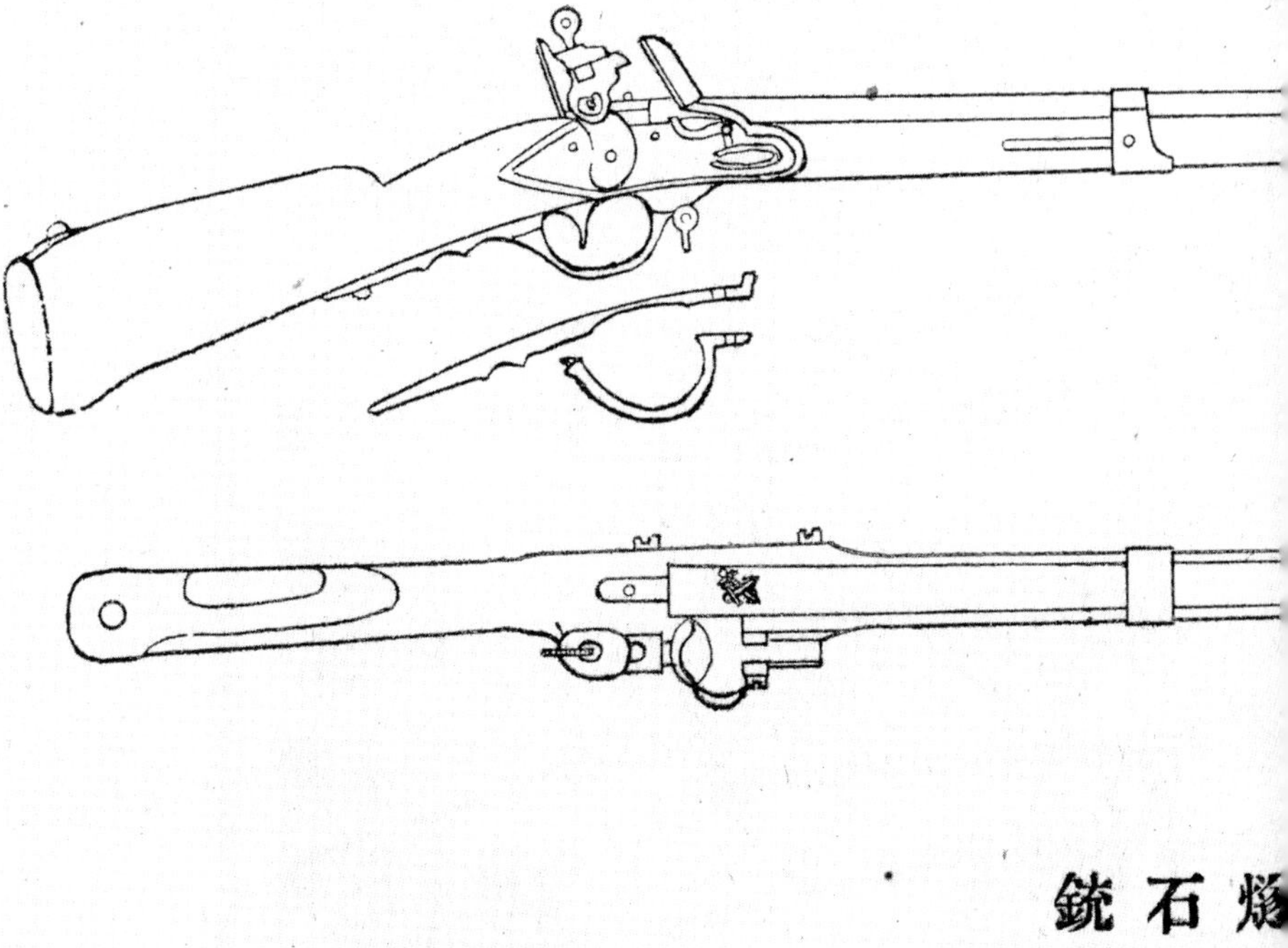

「ゲベール銃」。日本に本格的に導入された洋式小銃であり、黒色火薬を用いる前装式のタイプで銃身にラ
銃身にはスパイクタイプの「銃槍」と呼ばれる「銃剣」を取り付けることで射撃のほかに白兵戦での使用
とから通称「スリーバンド」とも呼ばれた。短銃身の「騎銃」は固定具の数から通称「ツーバンド」と呼

時点では旧式に分類されるようになった。

この洋式銃の輸入により、既存の国産「火縄銃」を「和式銃」と呼ぶとともに、輸入銃を「洋式銃」と呼んで銃の形態を区別するようになる。

幕末の小銃

「ゲベール銃」に続いて、輸入された銃には「ミニエー銃」「エンピール銃」「スペンセル銃」「スナイドル銃」「シャスポー銃」「マンソー銃」等があった。

ミニエー銃

「ミニエー銃」は「ゲベール銃」に類似した形態を持ち、発射された弾丸に回転を与えて命中精度と射程を増進させる目的で「銃身」内には一メートルで一回転の割合で四条の施條（ライフリング）が施された前装式の小銃であり、考案者である仏陸軍の「ミニエー大尉」の名称を冠した銃である。

前述の「ゲベール銃」と比べてライ

フリングがあることから射程・命中精度・威力のいずれの面からも優位な銃であり、日本には文久元年（一八八一年）から元治元年（一八六四年）に欧米より輸入されており、正規の純正銃のほかに粗悪な模造銃が多数流入している。

エンピール銃

「エンピール銃」は英国「エンフィールド造兵廠」で製造されたライフリングのある施條前装式の小銃であり、制式制定された年度を冠して「英国一八五三年式小銃」「一八五三年式エンピール銃」とも呼ばれる。形状は「ミニエー銃」に酷似しており、当時より「ミニエー銃」と「エンピール銃」は混称されることが多かった。

慶応四年・明治元年（一八六八年）より明治二年（一八六九年）にかけての「戊辰戦争」では彼我両軍が多用している。

スペンセル銃

「スペンセル銃」は一八六〇年に米国で発明された施條式の後装式連発銃であり、銃床内に七発の弾薬を収めた弾倉（マガジン）タイプの「弾薬筒」を挿入する新式銃であった。

「スペンセル銃」は銃身長より歩兵用の「長小銃」と騎兵用の「短小銃」の二種類があり、日本には慶応年間より「短小銃」を「騎銃」として輸入されており、当時はレバー操作による連発機能と速射性能と再装填の速さより「精鋭無比」と呼称されていた。

スナイドル銃

英国製の「スナイドル銃」は一八六六年に英国陸軍の制式小銃となっており、外見や口径は「エンピール銃」に酷似しているものの、装弾形式は後装式で金属製薬莢が用いられていた。装弾システムの機関部の形態が日本の「莨嚢《ろくのう》」と呼ばれた煙草入れに酷似していたことから「莨嚢式《ろくのうしき》」の通称で呼ばれていた。

シャスポー銃

「シャスポー銃」はフランス製の槓桿操作式の元込銃であり、慶応二年にフランスのナポレオン皇帝より幕府に二個聯隊分が贈呈されたほか、一部の藩が藩兵用に輸入している。

ただし画期的な構造を持つ「シャスポー銃」は専用弾薬が紙製薬莢であったために高温多湿の日本では使用に制限があるほか国内での弾薬生産と代替弾薬の製造も困難なことから、多くの「シャスポー銃」は用いられることはなく保管兵器となった。

「シャスポー銃」最大の特徴は弾薬の装填形式にあり、後装式の中でも速射性のある「槓桿《こうかん》（ボルトハンドル）」を動かすことで「遊底（ボルト）」を操作する「回転鎖《さ》閂式《さんしき》（ボルトアクション）」を備えていた。

なお「シャスポー銃」はフランスグラース大佐の考案により金属製薬莢を用いる形式に改良が施されて、「仏国一八七四年式小銃」として制式制定された。この「仏国一八七四年式小銃」は発明者である「グラース大佐」

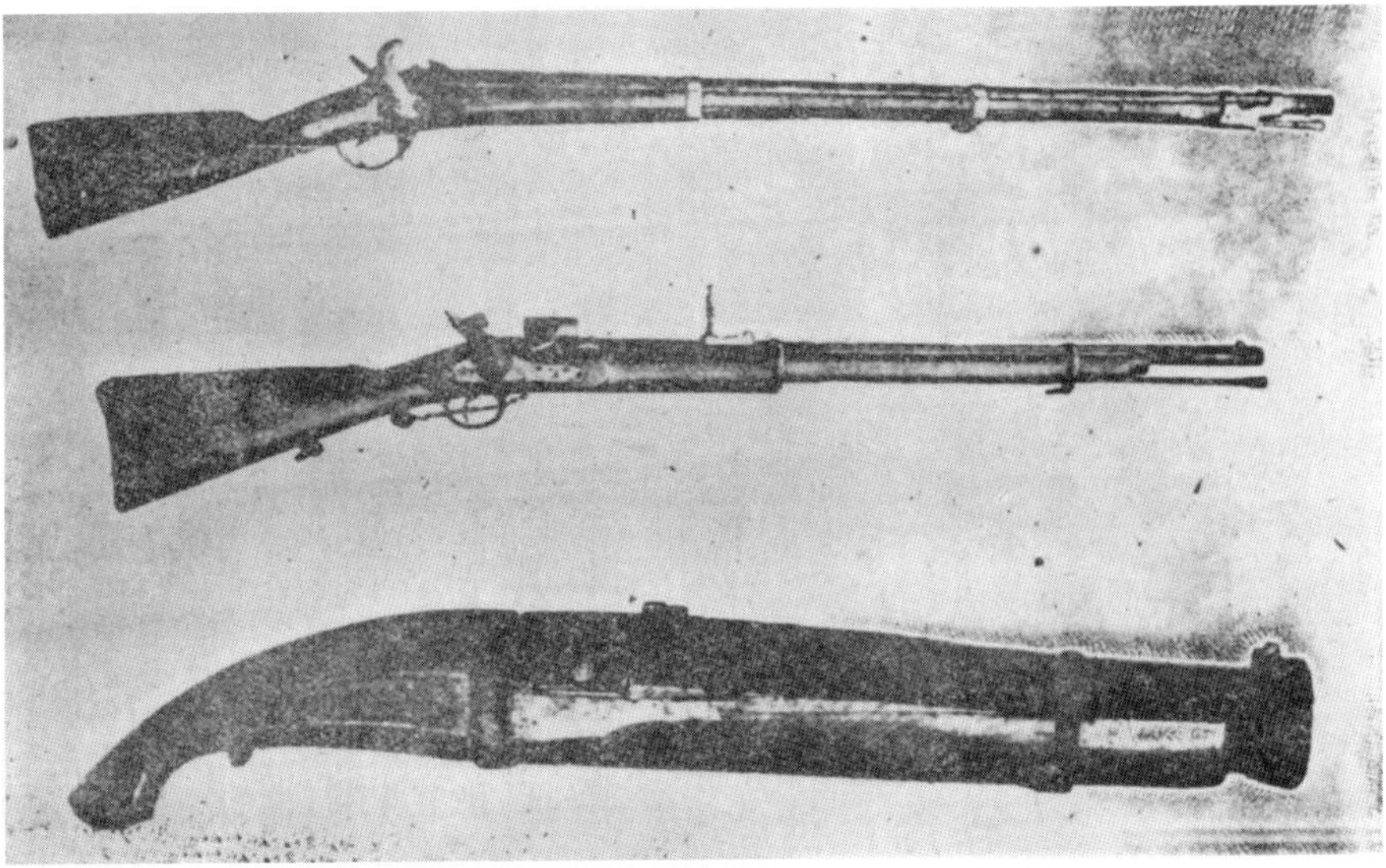
幕末に佐賀藩の用いた小銃。上から洋式銃である「ゲベール銃（歩兵用のスリーバンド）」「スナイドル騎銃（騎兵用のツーバンド）」と、和銃である「大筒」

の名を冠して「グラース銃」とも呼ばれている。

マンソー銃

「マンソー銃」はスイス陸軍が「瑞国一八五一年式小銃」として制式採用していた小銃の邦名であり、「掛川藩」「小諸藩」「小浜藩」等が自藩の装備にするために、慶応年間に横浜の「ハーブルブラン商会」を介して輸入された小銃であった。

「マンソー銃」は前装式と元込式があるもの、日本に輸入されたタイプは当時最新式である「回転鎖閂式」を備えた後装の元込式であった。

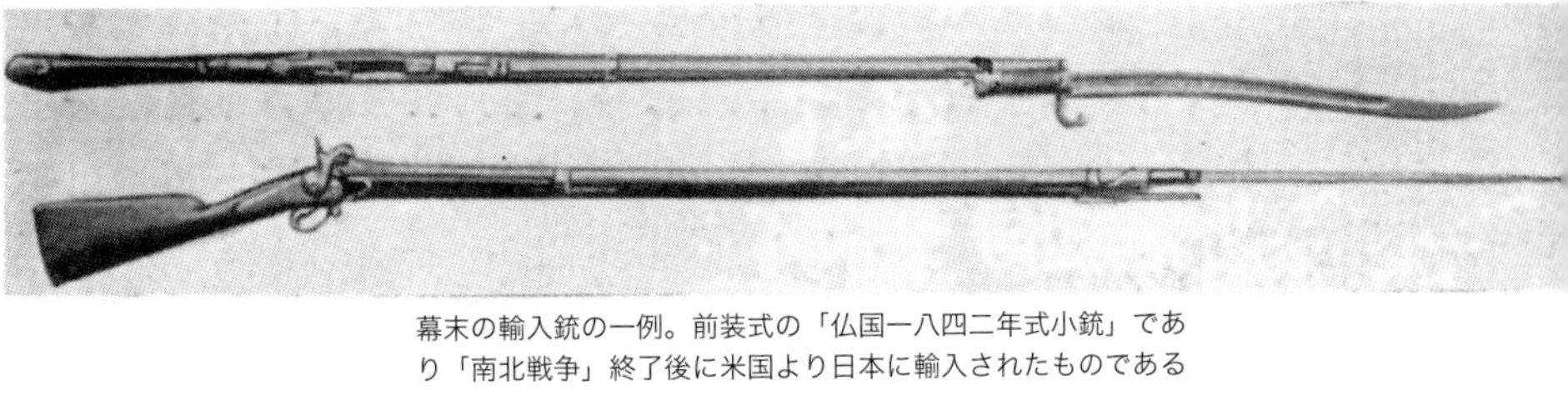
幕末の輸入銃の一例。前装式の「仏国一八四二年式小銃」であり「南北戦争」終了後に米国より日本に輸入されたものである

明治初期の小銃

旧藩兵の装備兵器を主体としていた、明治維新前後の小銃（「施條銃」等）及び、建軍当初における日本陸軍の編制を紹介！

第2話

明治維新と小銃

明治維新の戦闘は、慶応四年（明治元年、一八六八年）から明治二年（一八六九年）にかけて、国内を二分して「新政府軍」と「旧幕府軍」に別れて激戦が行なわれた「戊辰《ぼしん》戦争」であった。

「官軍」と呼ばれた「新政府軍」の主体は「薩摩藩」「長州藩」「土佐藩」であり、「旧幕

鎮台編成　明治4年4月

東山道鎮台	本営	石巻
	分営	福島
		盛岡
西海道鎮台	本営	小倉
	分営	博多
		日田

鎮台編成　明治4年8月

鎮台名	衛戍地		常備兵力	管轄地区
東京鎮台	本　営	東　京	歩兵10大隊	武蔵　上野 下野　常陸 下総　上総 安房　相模 伊豆　甲斐 駿河
	第一分営	新　潟	歩兵1大隊	越後　羽前 越中　佐渡
	第二分営	上　田	歩兵2小隊	信濃
	第三分営	名古屋	歩兵1大隊	尾張　伊勢 伊賀　志摩 遠江　三河 美濃　飛騨
大阪鎮台	本　営	大　阪	歩兵5大隊	山城　大和 河内　和泉 摂津　伊代 丹波　播磨 備前　美作
	第一分営	小　濱	歩兵1大隊	若狭　近江 越前　加賀 能登　丹後 丹波　因幡 伯耆
	第二分営	高　松	歩兵1大隊	讃岐　阿波 土佐　伊代 淡路
鎮西鎮台	本　営	小　倉 （当分は熊本）	歩兵2大隊	豊前　豊後 筑前　筑後 肥前　肥後 壱岐　対馬
	第一分営	広　島	歩兵1大隊	安芸　備中 備後　出雲 石見　周防 長門　隠壱
	第二分営	鹿児島	歩兵4小隊	薩摩　日向 大隅
東北鎮台	本　営	石　巻 （当分は仙台）	歩兵1大隊	常城　岩代 陸前　陸中
	第一分営	青　森	歩兵4小隊	羽後

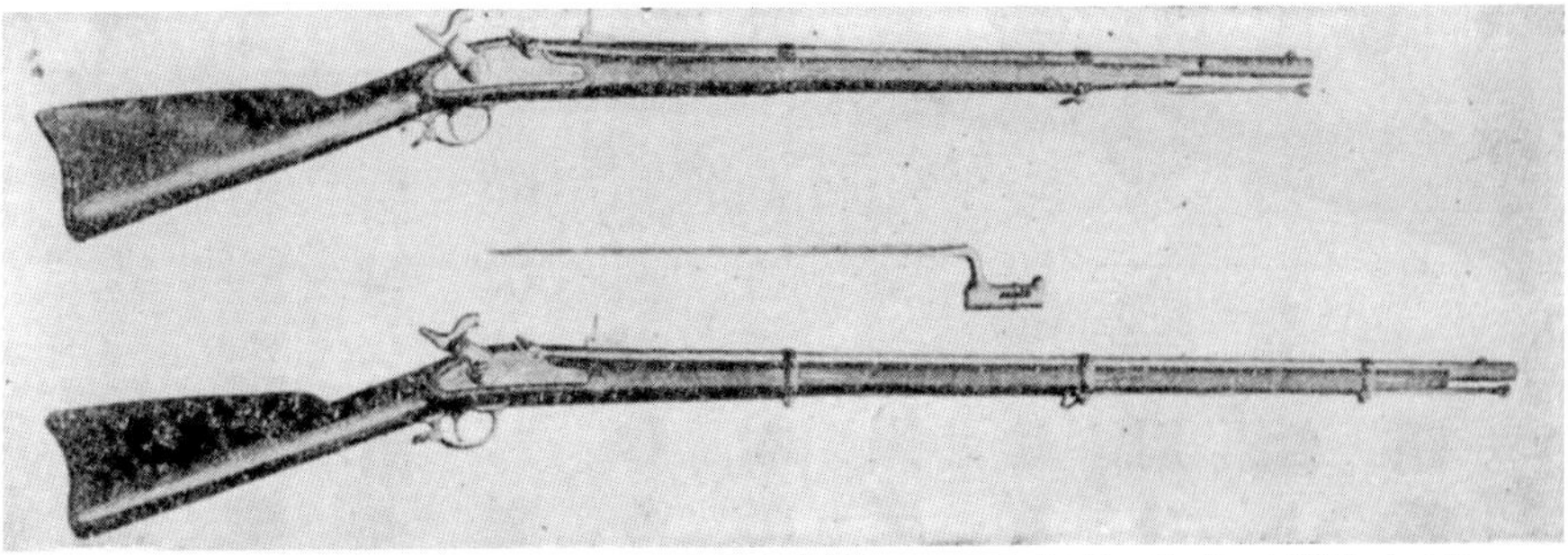

「ミニエー銃」。上は通称「ツーバンド」と呼ばれた「騎銃」で、下は「スリーバンド」と呼ばれた「歩兵銃」。前装式ながら「ゲベール銃」と比べてライフリングがあるため射程と命中精度が格段に向上している。外観が「エンピール銃」と酷似していることから、当時より両者は混同された

府軍」の主体は「幕府軍」と「奥羽列藩同盟」が主体で、戦闘は日本本土全域での決戦が繰り広げられた。「戊辰戦争」で彼我両軍が使用した小銃の主体は前装式・後装式のいずれもライフリングが施された「施條銃」であり、輸入小銃と国産小銃を併せて多種多様の小銃が用いられており主要なものとしては、前装式で

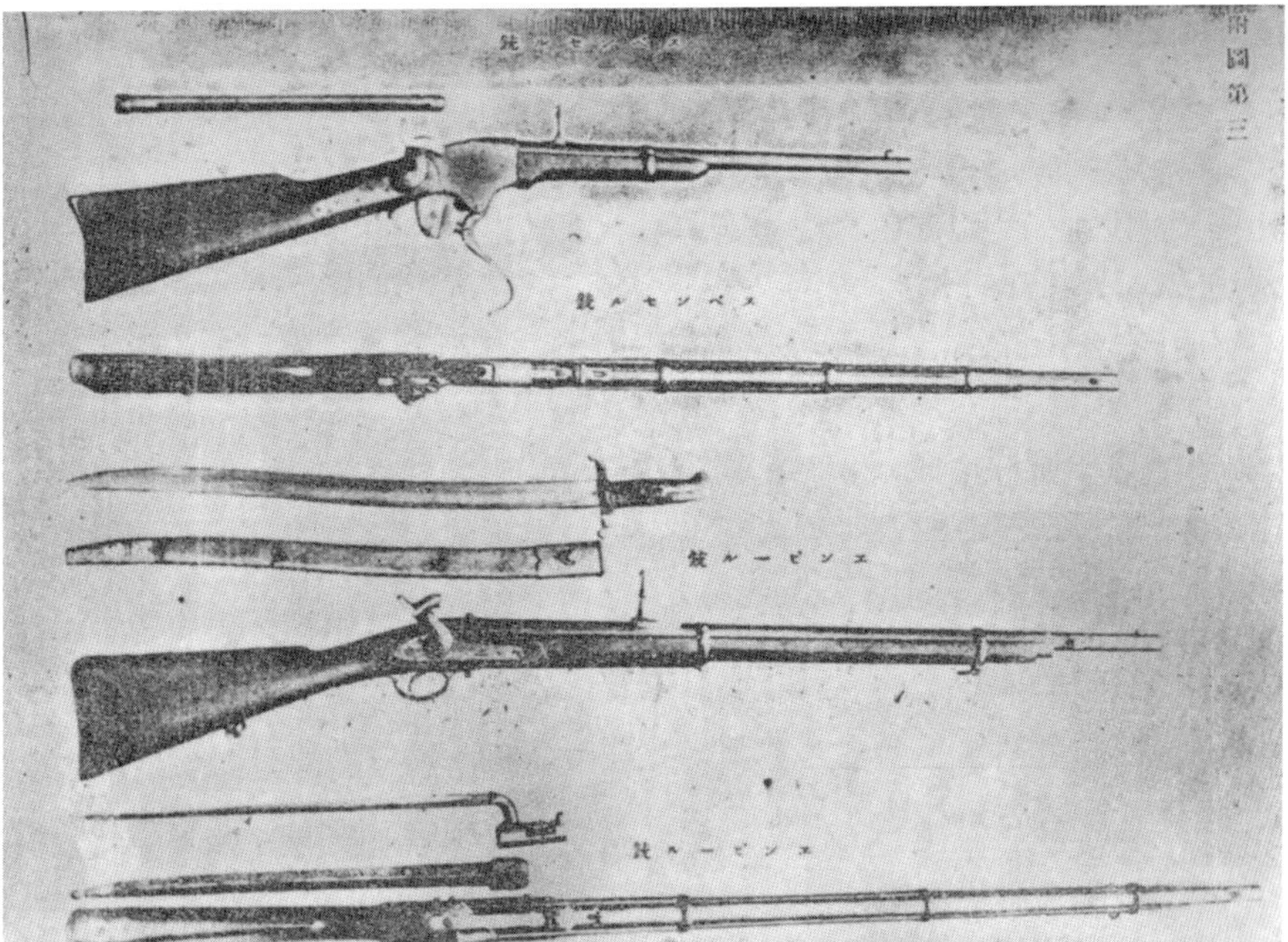

佐賀藩兵が幕末から明治初期に用いた小銃で、上から「スペンセル銃」、通称「ツーバンド」と呼ばれた「エンピール騎銃」と銃剣、通称「スリーバンド」と呼ばれた「エンピール歩兵銃」とスパイクタイプの「銃槍（じゅうそう）」と呼ばれた銃剣

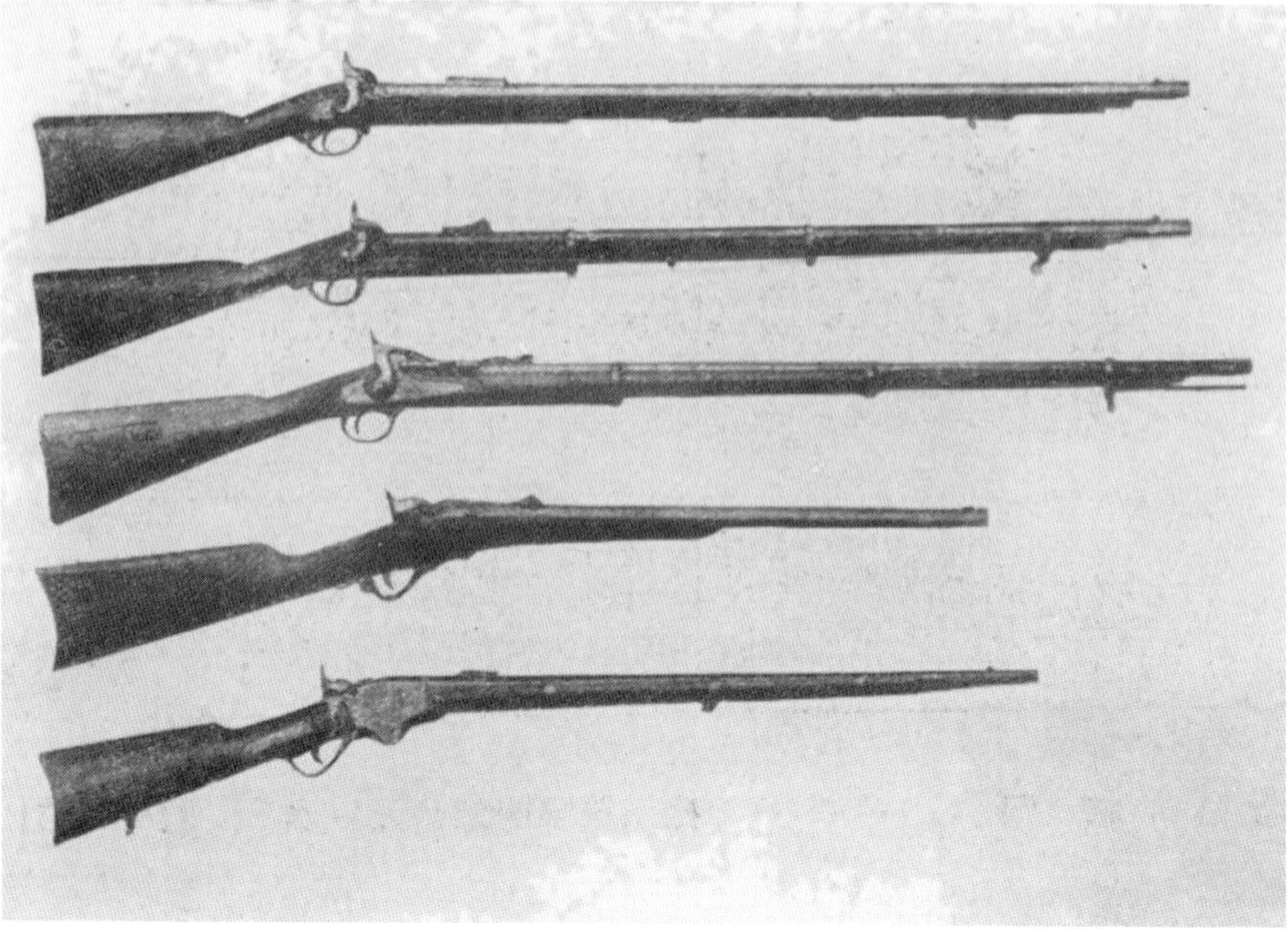

「戊辰戦争」で佐賀藩が用いた主要小銃で、上から「ミニエー銃」「エンピール銃」「スナイドル銃」「シャープス銃」「スペンセル銃」

は「ミニエー銃」「エンピール銃」があり、後装式では「スナイドル銃」「シャープス銃」「スペンセル銃」「ツンナール銃（別名「ドレイス銃」）」等が挙げられる。

このほかにもライフリングの無い前装式の「ゲベール銃」や和銃である「火縄銃」なども使用された。

なお、この時期の旧式前装銃でも発火方式は新式の「雷管式」に改造されたものがほとん

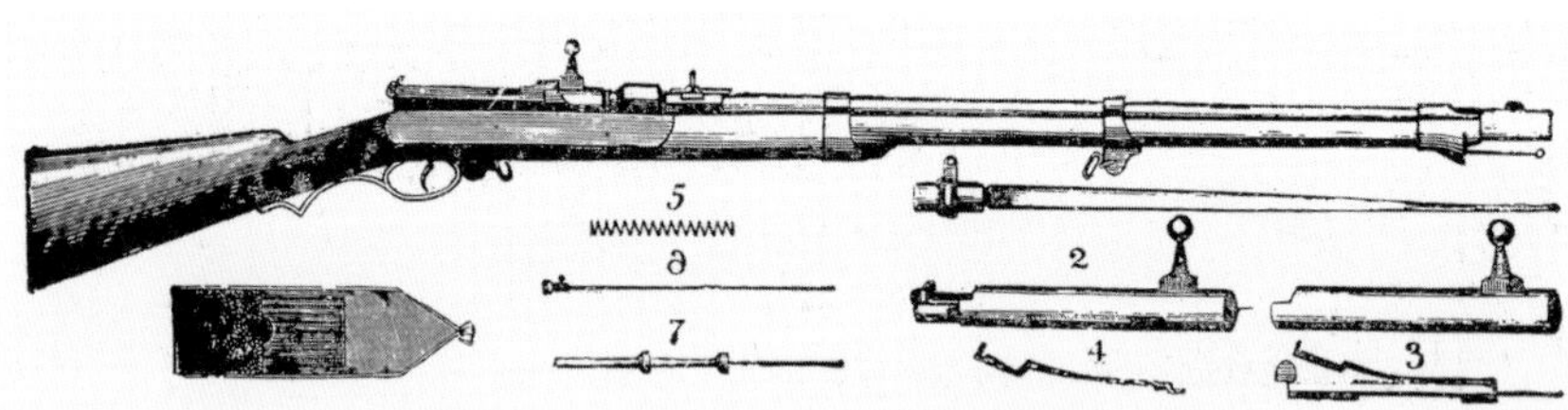

幕末に日本に持ち込まれたプロシアの「一八六二年式ツンナール銃」。世界初の後送式のボルトアクションライフルであり、実包は紙製薬莢を用いた

どであった。

「シャープス銃」は米国の「シャープス製銃社」が一八五九年に発売した、「底碪式」タイプの元込式騎兵銃であり、日本には「一八五九年式シャープス銃」と改良型の「一八六三年式シャープス銃」が輸入された。

「ツンナール銃（別名「ドレイス銃」）」は一八四一年にプロシアの鍵職人であったドレイスが開発した世界初の槓桿操作式の元込式小銃である。プロシア軍で「一八六二年式ドレイス銃」として制式採用された軍用銃であり、「シャスポー銃」同様に「紙製薬莢」の実包を使用する。「戊辰戦争」は「新政府軍」サイドの勝利に終わり、明治維新時期より明治四年の「日本陸軍」の創設間の日本本土の防衛は、「薩摩藩」「長州藩」「土佐藩」の旧藩兵が核となり本土防衛に従事していた。

この時期の旧藩兵の装備兵器の類は、幕末期から延長された兵器が主体であり、多種多様な小銃が国内に存在しており、各藩内でも小銃の統一はされていなかった。

日本陸軍の建軍

明治四年二月十三日になると、「兵部省」の隷下に「薩摩藩」「長州藩」「土佐藩」から差し出された兵員により天皇警護の「御親兵」が編成された。「御親兵」は、「薩摩藩」より「歩兵大隊」四個、「砲兵隊」四個、「長州藩」より「歩兵大隊」三個、「土佐藩」より「歩兵大隊」二個、「騎兵小隊」二個、「砲兵隊」二個の、合計六千名の兵力を擁していた。

鎮台の設置

明治四年四月二十三日になると、国土防衛の目的で陸軍初の常設部隊である「鎮台」二個が設置された。「鎮台」は後の「師団」の前身であるが、この時期の日本陸軍に外征能力は無く、対外的な国土防衛と国内の治安維持を主体とした国土防衛軍であった。

この二つの「鎮台」は「東山道鎮台」

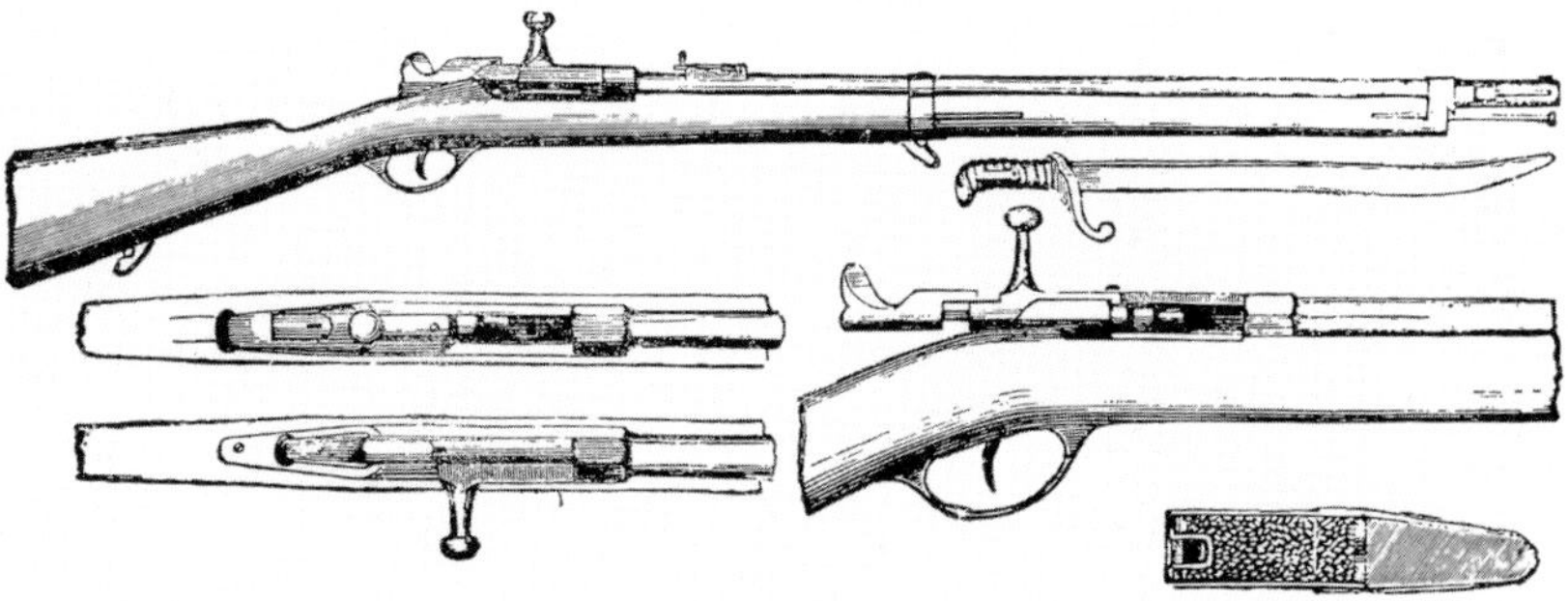

同じく幕末に日本に持ち込まれたフランスの「一八六六年式シャスポー銃」。「一八六二年式ツンナール銃」と「一八六六年式シャスポー銃」の両銃は1870年勃発の「普仏戦争」時の両国の主力小銃であった

と「西海道鎮台」であり、「東山道鎮台」は本営を「石巻」、分営を「福島」と「盛岡」に置き、「西海道鎮台」は本営を「小倉」、分営を「博多」と「日田」に置いた。

四ヵ月後の同年八月十八日になると「鎮台」の増加があり、陸軍は四個鎮台の編成となり、北海道を除く国内の主要地域に陸軍部隊が展開するようになった。

既存の「東山道鎮台」と「西海道鎮台」は、「東北鎮台」と「鎮西鎮台」に改称され、東京と大阪に新たに「東京鎮台」と「大阪鎮台」が設置されて四個鎮台の体制となる。

鎮台の増設

明治五年三月九日の「近衛条例」により、天皇警護のための和製ロイヤルガードである「御親兵」は新たに「近衛兵」に置き換えられた。後の明治七年一月二十三日になると「近衛歩兵第

鎮台編成　明治6年1月

軍管	鎮台	営所		常備諸隊		海岸砲隊
第一軍管	東京鎮台	東京	小田原 静岡 甲府	歩兵第一聯隊	騎兵第一大隊 騎兵第二大隊 砲兵第一小隊 砲兵第二小隊 工兵第一小隊 東京輜重隊 予備砲兵　2小隊 予備工兵　2小隊	品川　1隊 横浜　1隊
		佐倉	木更津 水戸 宇都宮	歩兵第二聯隊		新潟　1隊
		新潟	高田 高崎	歩兵第三聯隊		
第二軍管	仙台鎮台	仙台	福島 水沢 若松	歩兵第四聯隊	騎兵第三大隊 砲兵第三小隊 砲兵第四小隊 工兵第二小隊 仙台輜重隊	
		青森	盛岡 秋田 山形	歩兵第五聯隊		函館　1隊 （当分分遣）
第三軍管	名古屋鎮台	名古屋	豊橋 岐阜 松本	歩兵第六聯隊	砲兵第五小隊 砲兵第六小隊 工兵第三小隊 名古屋輜重隊	
		金沢	七尾 福井	歩兵第七聯隊		
第四軍管	大阪鎮台	大阪	兵庫 和歌山 西京	歩兵第八聯隊	砲兵第七小隊 砲兵第八小隊 工兵第四小隊 大阪輜重隊 予備砲兵　2小隊 予備工兵　1小隊	川口　1隊 兵庫　1隊
		大津	駿河 津	歩兵第九聯隊		
		姫路	鳥取 岡山 豊岡	歩兵第十聯隊		
第五軍管	広島鎮台	広島	松江 濱田 山口	歩兵第十一聯隊	砲兵第九小隊 砲兵第十小隊 工兵第五小隊 広島輜重隊	下関　1隊
		丸亀	徳島 高知県内 宇和島 州崎浦	歩兵第十二聯隊		
第六軍管	熊本鎮台	熊本	千歳 飫肥 鹿児島 琉球	歩兵第十三聯隊	砲兵第十一小隊 砲兵第十二小隊 工兵第六小隊 熊本輜重隊 予備砲兵　2小隊 予備工兵　1小隊	鹿児島　1隊 長崎　1隊
		小倉	福岡 長崎 対馬	歩兵第十四聯隊		

一聯隊」と「近衛歩兵第二聯隊」が編成される。

明治六年一月九日になると徴兵制度の採用を前提として国防の見地より、国内を「第一」から「第六」の六つの「軍管」と呼ばれる管轄地に区分するとともに、新たに二個「鎮台」を増設して各「軍管」に一個「鎮台」を設置した。

新たに新設された鎮台は「名古屋鎮台」と「広島鎮台」であり、既存の「東北鎮台」と「鎮西鎮台」は、それぞれ「仙台鎮台」と「熊本鎮台」に改称された。

また、同年一月二十二日には「徴兵令」が布告されて、国内の徴兵対象者は徴兵検査の結果によって兵役に就《つ》くこととなり、ここに日本陸軍は国民皆兵による常備軍である「現役兵」と戦時動員に備えた「予備役」より編成される、「国民軍」のスタイルを確立することとなった。

徴兵による兵員の増加と予備役の動員により、陸軍兵力は平時三万一六八〇名が戦時には動員により四万六三五〇名となることとなった。

今回の編成改正により主兵力である「歩兵」のほかに、野砲・山砲装備の「砲兵小隊」と、渡河・築城等を行なう「工兵小隊」と、機動兵力として偵察・捜索・挺身行動を主任務とする「騎兵大隊」の編成が開始されたほか、兵站・補給のための「輜重隊」と沿岸防備の目的で九隊の「海岸砲隊」の編成が着手された。

この時期の砲兵の装備は「野砲」と「山砲」の混合編制であり、各小隊は砲二門を装備した三個分隊より編成されており、「野砲」の主力は「四斤野砲」で「山砲」の主力は「四斤山砲」であった。

なお、「海岸砲隊」は砲台の構築は優先して行なわれたものの、専従の海岸砲要員の編成と海岸砲の整備は未着手の状況であり、当分の間は暫定的に近傍の「砲兵小隊」より野砲ないし山砲と要員を分遣するものとされた。

また、この時期の「北海道」方面のみはまだ「屯田兵」が後送のみの時期であったために、兵力の展開が無いものの、四面を海洋に囲まれた島国という立地からの島嶼防衛の先駆けとして「熊本鎮台」の「歩兵第十三聯隊」と「歩兵第十四聯隊」より、おのおの「琉球」と「対馬」に交替で守備隊として「歩兵中隊」一個を派遣している。

鎮台兵員数一覧　明治6年1月

鎮　台	区　分	兵員数（名）
東京鎮台	平　時	7040
	戦　時	10370
仙台鎮台	平　時	4460
	戦　時	6540
名古屋鎮台	平　時	4260
	戦　時	6290
大阪鎮台	平　時	6700
	戦　時	9820
広島鎮台	平　時	4340
	戦　時	6390
熊本鎮台	平　時	4780
	戦　時	6940
合　計	平　時	31680
	戦　時	46350

第3話 陸軍初期の小銃

多種多様の小銃が部隊内に混在する状況する中、
日本陸軍は明治七年、保有の小銃を本格的に調査を開始、
そのような状況下、旧藩士による「佐賀の乱」が勃発した！

鎮台の改正と陸軍教導団

編成途上で完全定数に達していない時期の明治七年一月三日に、再度「鎮台」の組織改正が行なわれた。

この改正では、従来の各「鎮台」の衛戍《えいじゅ》地が「本営」と「分営」の二大別の分類スタイルから、要地に守備部隊を配置する意味合いから新たにメインとサブに分類を行なわない「営所」のみのスタイルに変更された。

陸軍には国土防衛の主戦兵力として「御親兵」と「鎮台」が存在したが、このほかにも「陸軍士官学校（当時は「兵学寮」）」のほかに、下士官養成のための教育機関である「陸軍教導団」と呼ばれる教育機関が存在していた。「陸軍教導団」は、明治二年に設置された「陸軍士官学校」の前身にあたる「大阪兵学寮」の内部に設けられた「陸軍教導隊」がルーツであり、明治四年十二月の「兵学寮」の東京移転にともない東京に移転して、翌明治五年二月に「陸軍教導団」と改称された。

明治五年の時期での「陸軍教導団」は、「歩兵第二大隊」「歩兵第五大隊」「砲兵第七大隊」「工兵第一大隊」の四個大隊に編成されていた。

この四個大隊の兵力を擁する「陸軍教導団」の主任務は教育部隊であるものの、緊急時には練度の高さから攻防両局面に投入が可能な陸軍の総予備兵力ともなる存在であり、初期の時代は東京市有楽町の「陸軍省」に隣接した場所に駐屯していた。

明治六年になると「陸軍教導団」は陸軍省の直轄となり、後の明治三十二年には廃止されて、下士官教育は各部隊単位で行なわれるようになった。

陸軍の小銃制式

明治建軍直後の陸軍は、「幕府軍」より引き継がれた合計十七万挺の洋式小銃の中から、歩兵用として後装式の「スナイドル銃」、騎兵・砲兵・輜重兵用として連発機能に優れた「スペンセ

ル銃」を暫定的に制式小銃として用いようとしたものの、実際には各旧藩士から引き継がれた多種多様の小銃が部隊内に混在する状況であった。

「東京砲兵工廠」の前身にあたる兵器類の製造・管理に従事する機関である「武庫司」は明治四年以降、旧藩士より日本陸軍に移管された兵器類の調査・分類を行なっており、明治七年には陸軍保有の小銃を本格的に調査している。

明治七年の調査結果は、日本陸軍の保有する総数十八万一千挺の小銃の調査を行なった結果は小銃の種類は三十九種類に及び、これらの多種多様の小銃の中から日本陸軍の使用小銃を定めた「陸軍小銃制式」が定められた。

この「陸軍小銃制式」では、歩兵用

鎮台編成　明治7年1月

管区	鎮台	営　所	部　隊	兵力（名）
第一管	東京鎮台	東京営所	歩兵第一聯隊	1920
			騎兵第一大隊	120
			砲兵第一小隊	120
			砲兵第二小隊	120
			工兵第一小隊	120
			輜重隊第一小隊	60
			予備砲兵第一小隊	120
			予備砲兵第二小隊	120
			予備工兵第一小隊	120
		佐倉営所	歩兵第二聯隊	1920
		新潟営所	歩兵第三聯隊	1920
第二管	仙台鎮台	仙台営所	歩兵第四聯隊	1920
			騎兵第二大隊	120
			砲兵第三小隊	120
			砲兵第四小隊	120
			工兵第二小隊	120
			輜重隊第二小隊	60
		青森営所	歩兵第五聯隊	1920
第三管	名古屋鎮台	名古屋営所	歩兵第六聯隊	1920
			砲兵第五小隊	120
			砲兵第六小隊	120
			工兵第三小隊	120
			輜重隊第三小隊	60
		金沢営所	歩兵第七聯隊	1920
第四管	大阪鎮台	大阪営所	歩兵第八聯隊	1920
			砲兵第七小隊	120
			砲兵第八小隊	120
			工兵第四小隊	120
			輜重隊第四小隊	60
			予備砲兵第三小隊	120
			予備砲兵第四小隊	120
			予備工兵第三小隊	120
		大津営所	歩兵第九聯隊	1920
		姫路営所	歩兵第十聯隊	1920
第五管	広島鎮台	広島営所	歩兵第十一聯隊	1920
			砲兵第九小隊	120
			砲兵第十四小隊	120
			工兵第五小隊	120
			輜重隊第二小隊	60
		丸亀営所営所	歩兵第十二聯隊	1920
第六管	熊本鎮台	熊本営所	歩兵第十三聯隊	1920
			砲兵第十一小隊	120
			砲兵第十二小隊	120
			工兵第六小隊	120
			輜重隊第六小隊	60
			予備砲兵第五小隊	120
			予備砲兵第六小隊	120
			予備工兵第四小隊	120
		小倉営所	歩兵第十四聯隊	1920
総　兵　力				30720名

の「歩兵銃」として「アルビニー銃」「スナイドル銃」「シャスポー銃」「エンピール銃」の四銃が選ばれるとともに、騎兵・砲兵・輜重兵等が用いる「騎銃」としては「スペンセル銃」「スタール銃」「シャープス銃」の三銃が選ばれている。

陸軍小銃制式一覧

小銃名称	歩兵銃緒元					銃身長の種類
	様式	口径（ミリ）	全長（ミリ）	重量（キロ）	有効射程（m）	
アルビニー銃	活罨式	14.50	1.250	4.087	1100	長・短の他に数種
スナイドル銃	莨嚢式	14.50	1250	3.813	1100	長・短の他に数種
シャスポー銃	回転鎖閂式	11.00	1.300	4.133	1200	—
エンピール銃	前装施條式（後送式に改造）	14.65	1.370	4.545	1200	長・短の他に数種

これらの選定された「陸軍小銃制式」のうち、「アルビニー銃」は明治初期に輸入された後装式の小銃であり、外観は「スナイドル銃」に酷似している。

装弾システムには「スナイドル銃」の右サイドに装弾部が開く「莨嚢式《ろくのうしき》」に酷似したスタイルである、ヒンジ（蝶番）により装弾部の開閉部分が前方に開くタイプの「活罨式《かつあんしき》」ないし「前方活罨式」と呼ばれる形式が採られていた。

またこの時期より、前装式雷管撃発型の小銃は「エンピール銃」を主体として、「薬莢」を用いる後装式への改造が開始されている。

これは「エンピール銃」の機関部に、「スナイドル銃」と同様の「莨嚢式」の装填機構を取り付けて後装式としたものであり、この改造された銃は「エン

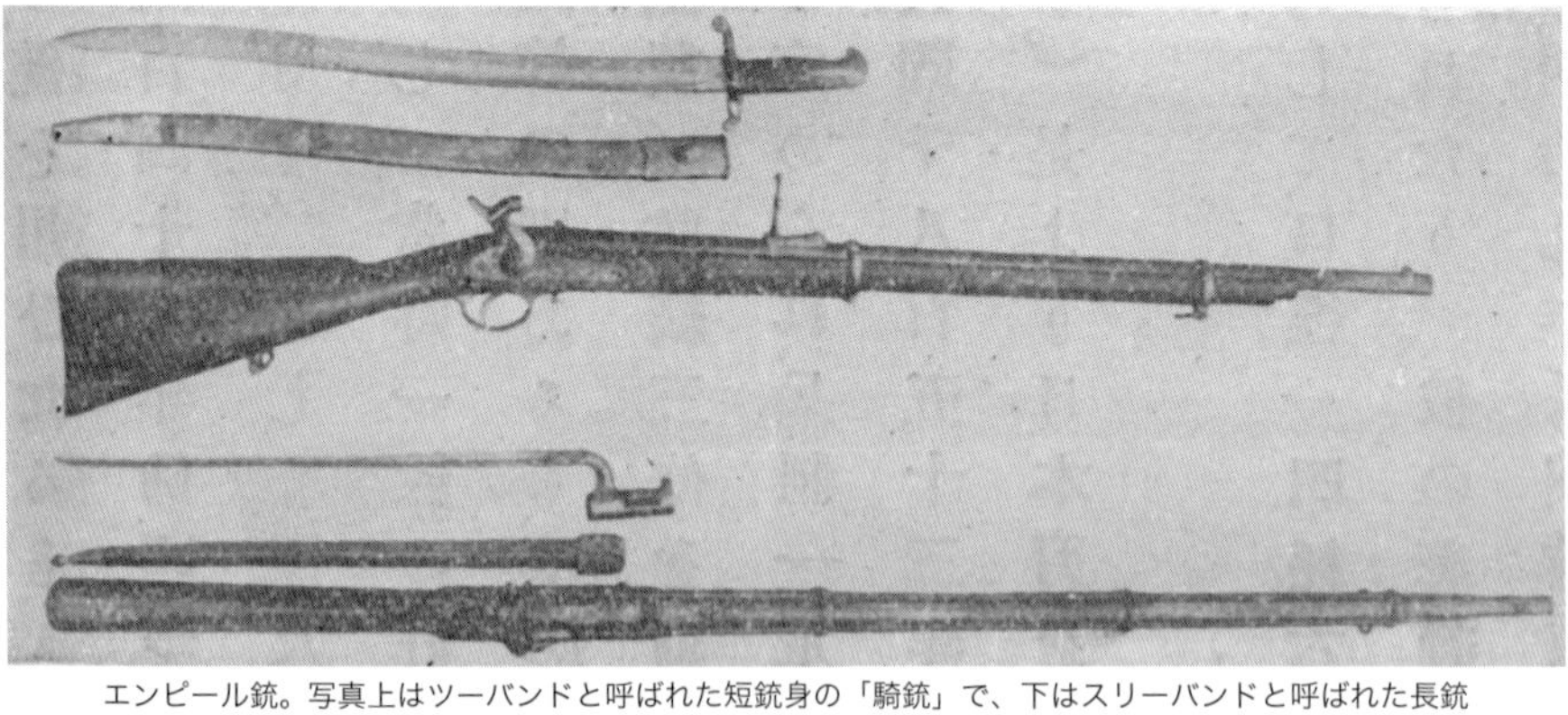

エンピール銃。写真上はツーバンドと呼ばれた短銃身の「騎銃」で、下はスリーバンドと呼ばれた長銃身の「歩兵銃」。装弾方式は前装式であり「撃鉄（ハンマー）」部分の打撃部には「雷管」を被せる「雷管口」が見える。銃剣は前装式のために装填に用いる「槊杖」に干渉しないように歪曲した形状になっているほか、「銃槍」と呼ばれる「スパイクバヨネット」タイプのものも存在した。明治七年以降は適宜に「スナイドル銃」形式の後装銃に改造されて「エンピール・スナイドル銃」と呼ばれるようになる

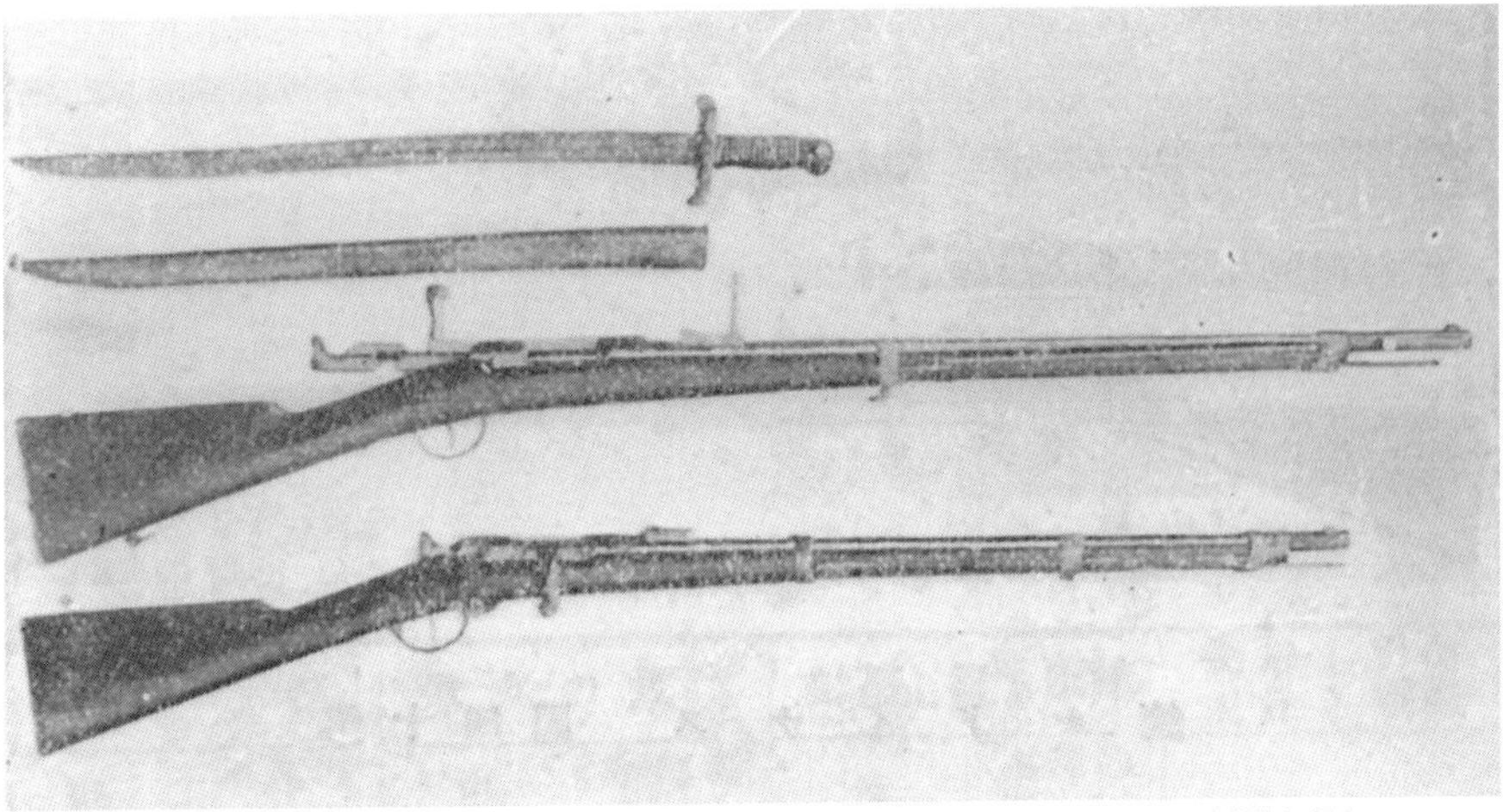

シャスポー銃。写真上の長銃身の「歩兵銃」と写真下の短銃身の「騎銃」があり、速射性に優れた後装式である「回転鎖閂式（ボルトアクション）」と呼ばれる装弾システムを採用した当時最新式の小銃であったが、薬莢が紙製であったために高温多湿の日本では使用に制限があった

ピール・スナイドル銃」と呼ばれて、後の「三十年式歩兵銃」の制定後も日露戦争終結まで既存の元より後装式である「スナイドル銃」と併せて予備兵器として用いられている。

　なお、「シャスポー銃」は後装式小銃の中で最新式の「回転鎖《さ》閂式《さんしき》（ボルトアクション）」の機構を備えていたが、反面で「紙製薬莢」を用いることから高温多湿の日本での運用に制限がかかるネックがあったものの、幕府軍時代と代わり建軍後に新たに国軍として調整した「紙製薬莢」の製造が行なわれている。

　このタイプの「紙製薬莢」のスタイルは、同じく「回転鎖閂式」の機構を持つプロシアの「ツンナール銃（別名「ドレイス銃」）」やスイス製の「マンソー銃」等にも用いられており、前述の「莨嚢式」「活罨式」と異なり速射性能に優れている点から制式小銃に準じた歩兵用の予備銃という見地より戦時備蓄用の弾薬整備が行なわれており、前述の「シャスポー銃」と同じく幕府軍時代と異なり新生日本陸軍での「紙製薬莢」の製造が行なわれた。

　明治七年の時点で「小銃制式」によって歩兵の使用する小銃は四種類に定められたものの、実際には各鎮台内でも同一の小銃が用いられることはなく複数の小銃が混在していた。

　一例を示せば、「近衛」では「アルビニー銃」と「スナイドル銃」の二種類、「東京鎮台」では「スナイドル銃」と「エンピール銃」の二種類が混在して使用されていた。

佐賀の乱

　明治七年二月に佐賀県で旧藩士による反乱である「佐賀の乱」が勃発した。

　この「佐賀の乱」は新生の日本陸軍

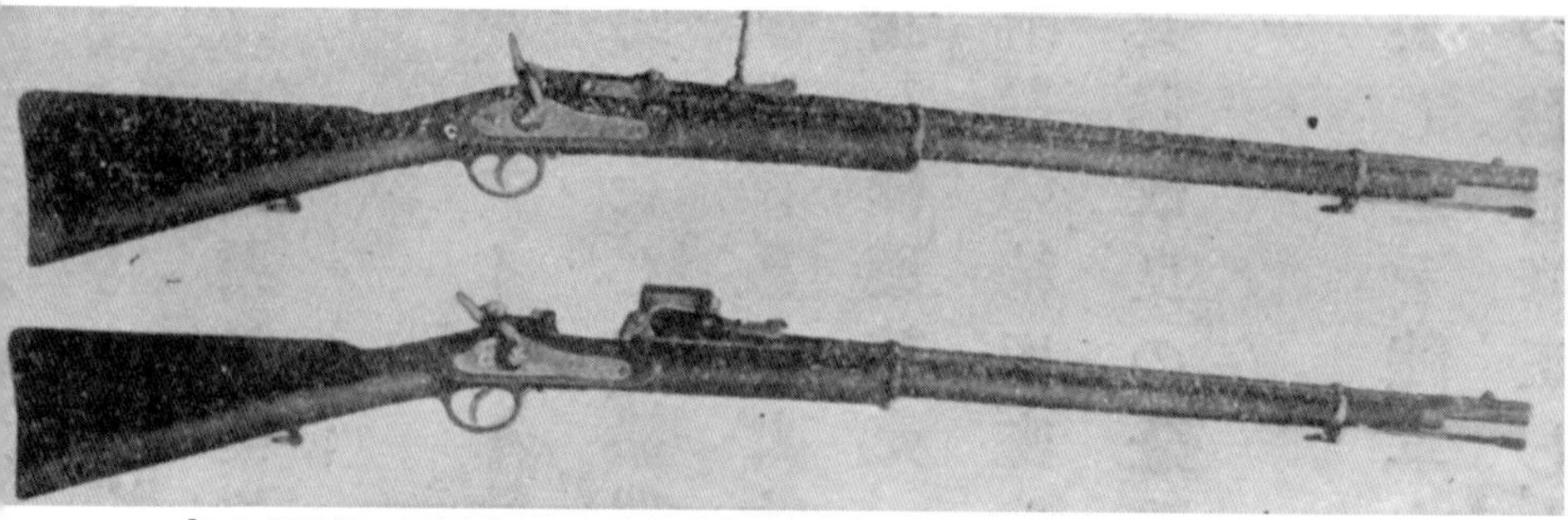

「スナイドル銃」。写真上はツーバンドと呼ばれた短銃身の「騎銃」で、下はスリーバンドと呼ばれた長銃身の「歩兵銃」。写真上は機関部の「撃鉄」を起こして「莨嚢式」と呼ばれる装填部分が開放された状態

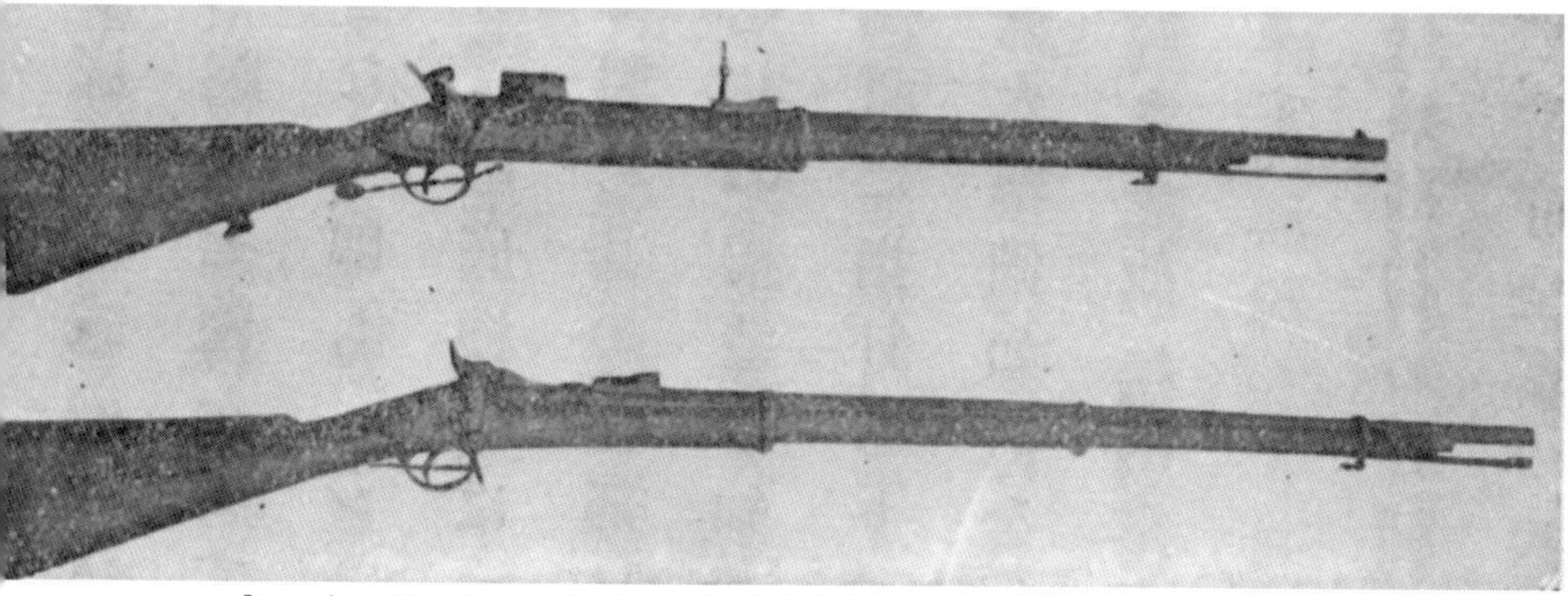

「アルビニー銃」。「スナイドル銃」に酷似した外観を持つが、装弾システムには「スナイドル銃」の右サイドに開く「莨嚢式」ではなく、蝶番によって装弾部が前方に「活罨式」と呼ばれるスタイルである。写真下は「撃鉄」を起こして「活罨式」と呼ばれる装填部分が前方へ開放された状態

にとって建軍以来初の大規模な反乱であり、徴兵制度の施行により編成された「国民軍」対「旧士族」の戦いでもあった。

佐賀サイドの蹶起総数は八千〜一万名であるが実際の戦闘に参加した人員は三千名前後であり、鎮圧サイドに立つ政府軍は初動として二月九日には鎮圧のために「熊本鎮台」より「歩兵第十一大隊」が出動しており、爾後に「東京鎮台」の「第三砲隊」と「大阪鎮台」より「歩兵第四大隊」「歩兵第十大隊」が増援として出動するとともに、各鎮台の部隊が待機した。

このほかに、新政府側の立場であった元佐賀士族の前山清一郎は「佐賀中立党」を編制して二百四十一名が陸軍側に付いたほかに、旧士族を臨時徴募して編成された「福岡県」「長崎県」「小倉県」「三潴《みずま》県貫属隊」があった。

また、新生の日本海軍も「東艦」「雲揚艦」「龍驤艦」「鳳翔艦」の軍艦四隻による艦砲射撃と、「海軍陸戦隊」の前身であり「陸戦砲（ボートホイッ

スルカノン）」一門を装備する「海兵隊」一個小隊を艦載艇を用いて適宜に要所に上陸させての海上機動による攪乱攻撃を行なうとともに、徴用した輸送船により陸軍部隊の海上輸送に従事している。

輸送船は、国内徴用の「御用船（軍隊輸送船）」では「大阪号」「天幸号」「蓮華号」「玄武号」「妊婦号」「北海号」「猶龍号」の七隻、海外より雇った傭船では「カントン号」「ニウヨルク（ニューヨーク）号」の二隻、そのほかに鹵獲した「舞鶴号」の合計十隻であった。

この戦闘での陸軍の戦死者は「陸軍」百七十六名、「福岡県貫属隊」九名、「佐賀中立党」四名。負傷者は「陸軍」百五十六名、「福岡県貫属隊」三十名、「佐賀中立党」十五名であり、佐賀サイドの戦死者は百六十七名、負傷者は百六十七名であった。

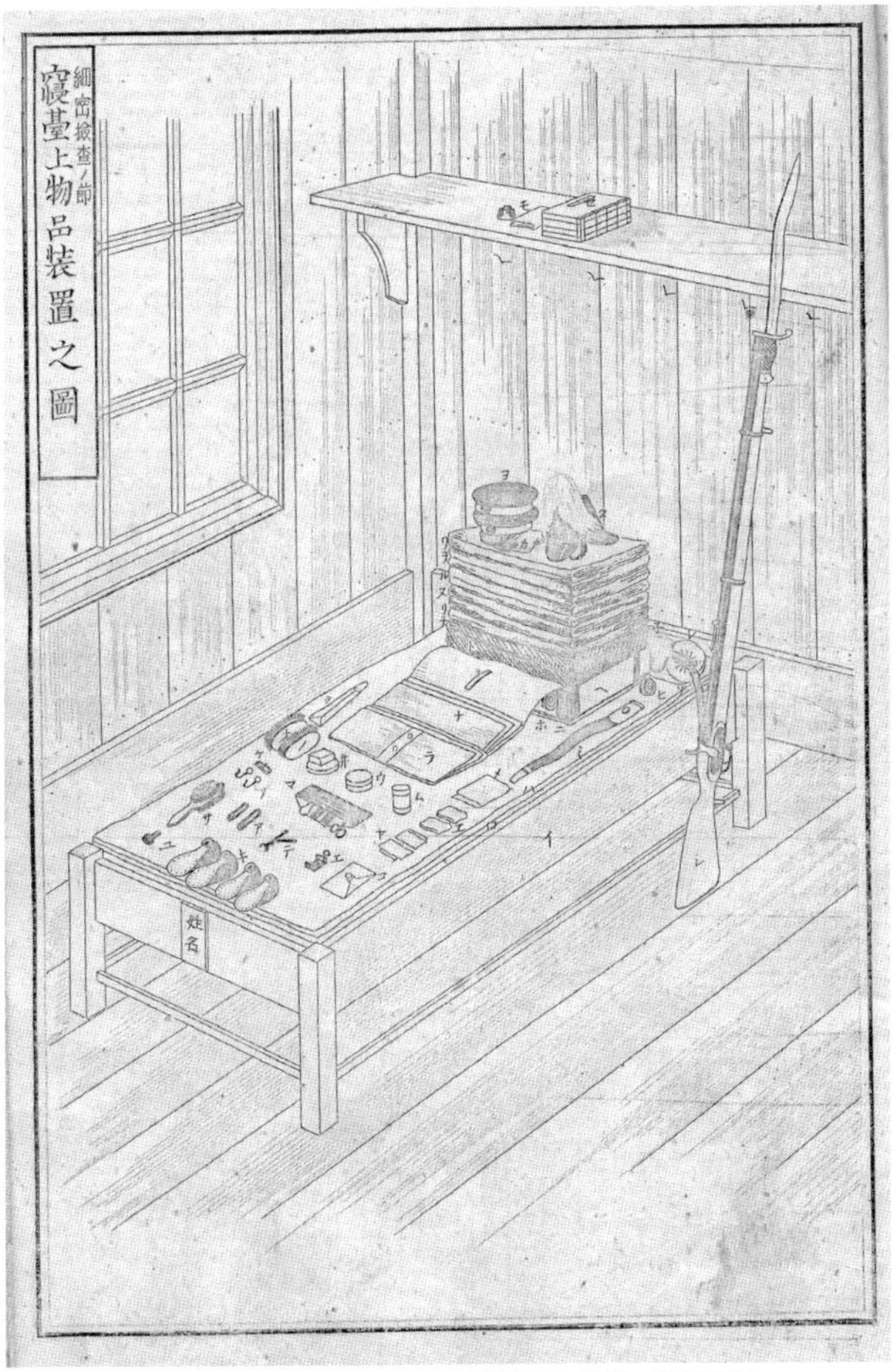

明治期の歩兵マニュアルにある兵営内での装備の整頓状況。各種の装備被服とあわせて着剣した「エンピール銃」がある

日本海軍の甲鉄艦である「東艦（あずまかん）」

エンピール・スナイドル銃

陸軍の小銃改変により、主力小銃となった
「エンピール銃」と、それを後装式に改造した
「エンピール・スナイドル銃」のメカと射撃方法を詳説する

第4話

明治七年の役（征台の役）

明治七年は維新以降初の大規模反乱である「佐賀の乱」のほかに、新生陸軍初の外征である「明治七年の役（征台の役）」があった。

台湾に漂着した日本漁民が原住民に虐殺された事件に端を発して、粛清・討伐を目的とした陸軍を中心とする「台湾討征軍」が編成されて、海軍の護衛下に日本陸軍初の外征が行なわれた。

「台湾討征軍」は陸軍より戦闘部隊として「熊本鎮台」の「歩兵第十九大隊」と「東京鎮台」の「第三砲隊」と鹿児島で募集した「義勇兵」の合計三千六百五十八名とともに、陸軍のオフィシャルな補給体制が確立されていない時期であったため、軍属として兵站任務に従事する「大倉組」の人夫二千三百三十二名の合計五千九百九十名が出征した。

海軍は軍艦「東艦」「龍驤艦」「孟春艦」「日進艦」「筑波艦」の五隻と、輸送船として軍隊輸送船「東京号」「金川号」「高砂号」「瓊浦号」「豊島号」「東海号」「社寮号」の七隻と、国内雇船である「明光号」「有功号」「猶龍号」「三邦号」の四隻と、外国雇船である「ヨークシャル号」「セントービン号」の二隻の合計十三隻であった。

「明治七年の役」は戦闘面では圧勝であったものの、補給・衛生といった後

「明治七年の役」での出征部隊の一葉。親日の理蕃とよばれた原住民を道案内・使役に用いている

方支援体制の未確立から、戦死者は十二名に対して、生水の飲用による赤痢の発生やマラリア等の熱帯地特有の疫病に対応できなかったために、出征した陸軍将兵三千六百五十八名の中から五百六十一名の戦病死者と十七名の負傷者を出している。

陸軍の小銃改変

明治七年十二月十八日になると編成途上であった「東京鎮台」「名古屋鎮台」「大阪鎮台」隷下の各「歩兵聯隊」の編成が完結するとともに、「軍旗」の親授が行なわれた。

陸軍の「歩兵聯隊」を主体とした戦闘部隊の編成完結と併せて、翌明治八年になると「東京鎮台」「大阪鎮台」「熊本鎮台」の装備する統一されていない複数種の歩兵銃を逐次に前装式の「エンピール銃」への改編が開始されるとともに、この「エンピール銃」を後装式に改造した「エンピール・スナイドル銃」への改造作業も始められた。

また同じく複数種の小銃を混合装備していた「仙台鎮台」「名古屋鎮台」「広島鎮台」の歩兵銃を、逐次に後装式の「スナイドル銃」ないし「アルビニー銃」のいずれかへの交換が開始された。

歩兵の運用マニュアルである「歩兵操典」は幕府軍時代ではオランダ、フランス、英国等の各国の歩兵操典の翻訳書が用いられていたが、明治建軍以降は明治五年に「仏国千八百七十年式歩兵操典」を翻訳した「歩兵操典」の刊行が行なわれたのを皮切りとして、明治七年には「仏国千八百七十二年式歩兵操典」を翻訳した「歩兵操典」の刊行、明治九年と十五年には前掲の「仏国千八百七十二年式歩兵操典」の翻訳操典の改訂版、明治二十年には「仏国千八百八十四年式歩兵操典」の翻訳をベースとした「歩兵操典」が刊行されている。

この時期の翻訳操典に記載されている「歩兵銃」の取扱法は「シャスポー銃」のみであり、各鎮台では装備する小銃に併せて数パターンの射撃方法と執銃動作の並列教育が行なわれている時代であった。

エンピール・スナイドル銃

「スナイドル銃」と、「エンピール銃」を後装式に改造した「エンピール・スナイドル銃」の射撃に際する装填動作は、「撃鉄」を「安寧段《あんねいだん》（ハーフコック）」の位置まで上げてから、「蒷嚢《ろくのう》式《しき》」と呼ばれた「遊底（スライド）」後端にある「撃茎（フェアリングピン）」をガードしている「冠蓋」を外してから、「遊底」を右に開いて「弾薬」を装填する。

装填が終了したら、続いて「撃鉄」を「射撃段（フルコック）」の位置まで起こして、「引金」を引いて射撃を行なう。

発射後は、「撃鉄」を「安寧段」の位置まで上げてから、「遊底」を右サイドに開いて後方に引くと、「遊底」内にある「抽筒子《ちゅうとうし》」が薬莢の起縁を押

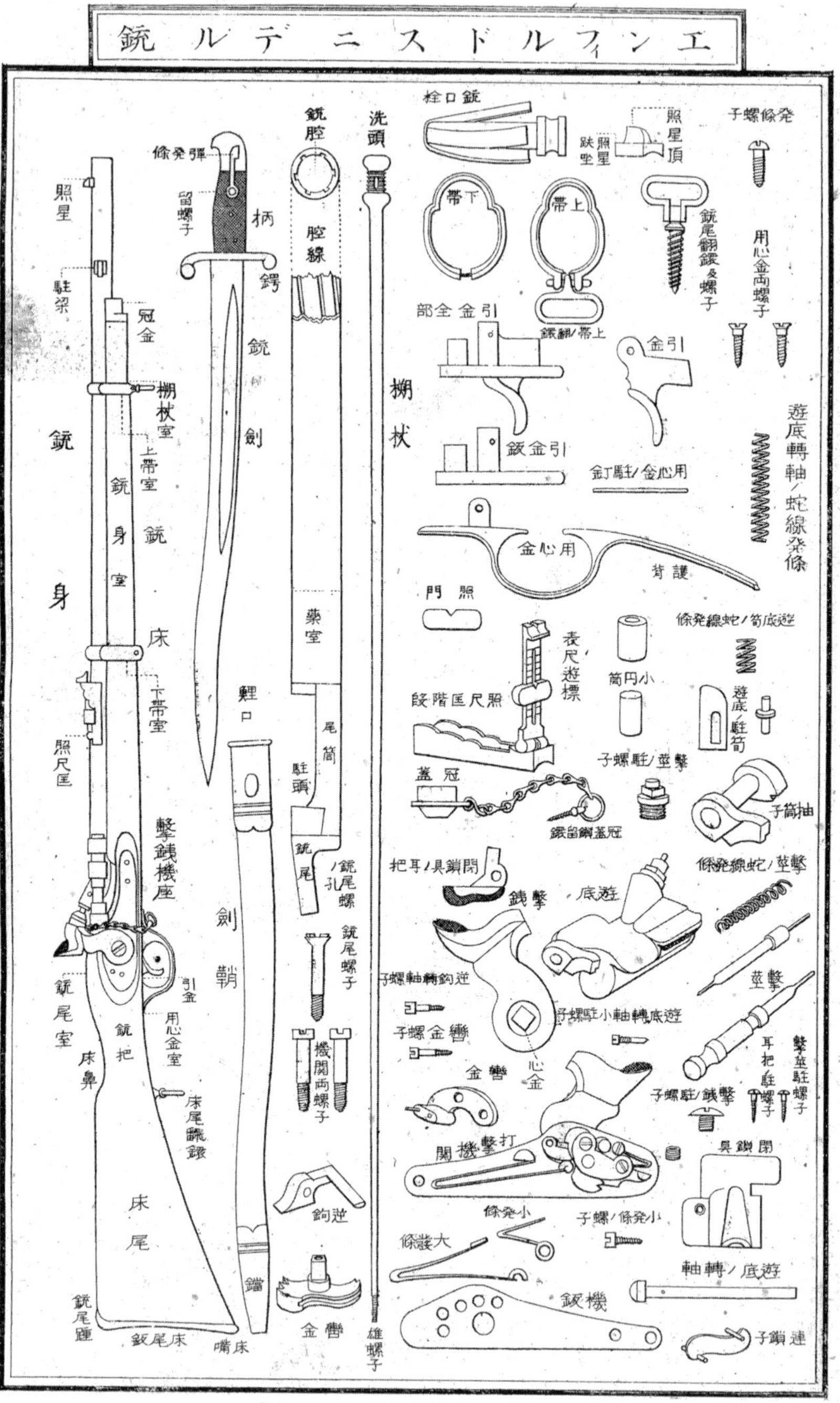

「エンピール・スナイドル銃」の構造図

すことで薬莢の排出が行なわれた。
なお、安全装置は無いため、装填後の長距離移動等の場合は、「遊底」の「撃茎」部分に「冠蓋」を被せるとともに、「撃鉄」を「安寧段」にした。

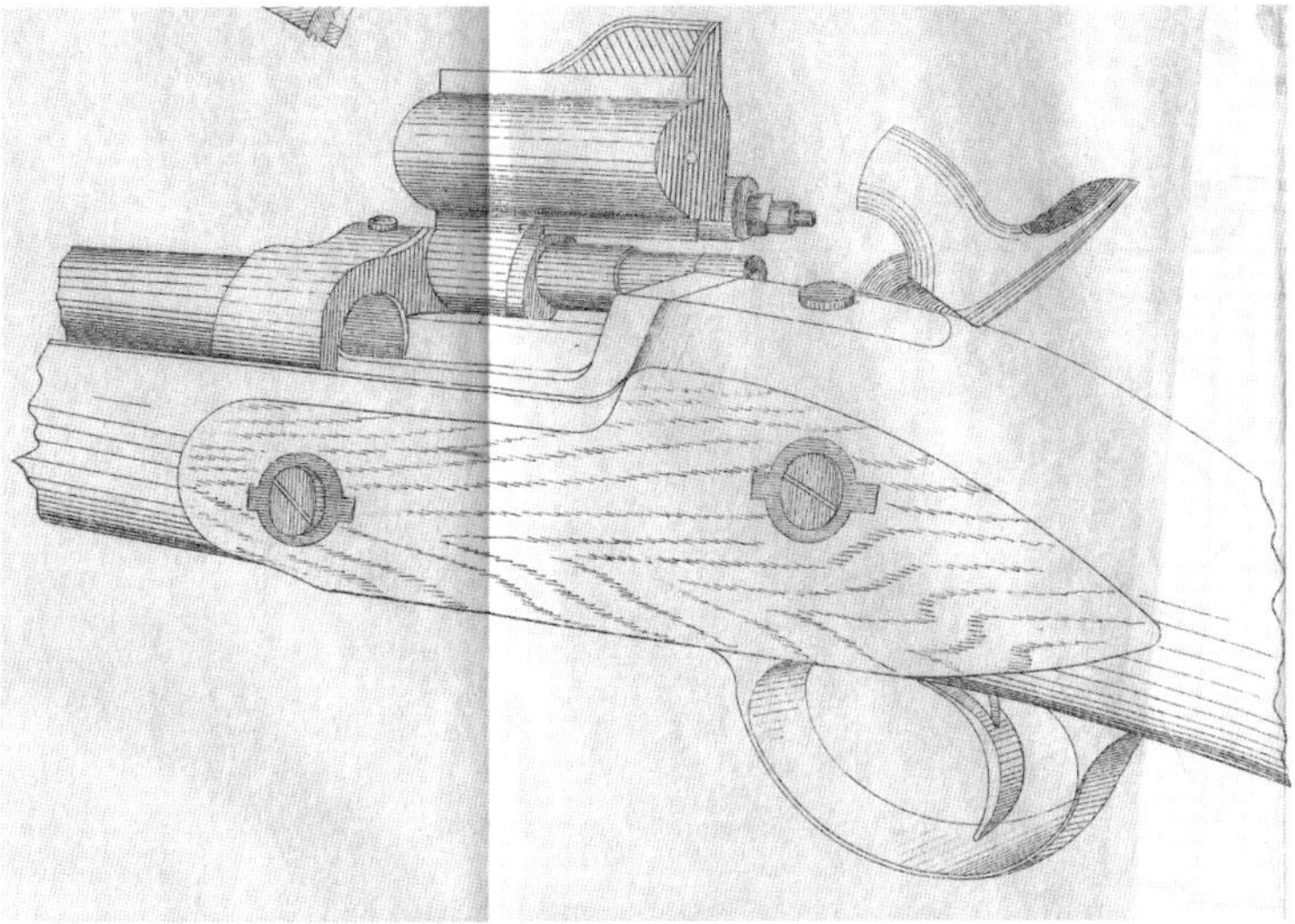

「エンピール・スナイドル銃」の機関部。弾薬装填の目に「莨嚢式（ろくのうしき）」と呼ばれた「遊底（スライド）」を右側に開放した状態であり、「撃鉄（ハンマー）」は「安寧段（あんねいだん、ハーフコック）」の位置まで上げられている

射撃の照準に際しては通常の銃器と同じく「照星（リアサイト）」と「照門（フロントサイト）」があり、「照門」のある「照尺《しょうしゃく》匡《きょう》」の中には射撃距離に応じて百ヤード（一ヤード≒九一・四㌢）、二百ヤード、三百ヤード、四百ヤードの四段階にスライドする「照尺機（ラダーサイト）」があり、長距離射撃に際しては「照尺匡」内に収められている起倒式の「表尺《ひょうしゃく》（タンジェントサイト）」を立てる。

「表尺」には五百〜千百ヤードに対応する百ヤード刻みで上下にスライドする「表尺遊標」が付いており、「表尺」上部の「表尺頭」には最大有効射程である千二百ヤードの距離線が刻まれている。

弾薬は一人で七十発を携帯することとなっており、通称「胴乱」と呼ばれた腰部分に装着する黒革製の「弾薬嚢」の内部に三十発と、「背嚢」内部に四十発を携帯した。

「胴乱」は「銃剣」とともに「革帯」と呼ばれるベルトに装着する。「銃剣」は左腰部分で「胴乱」は腰後ろの部分が定位置であり、戦闘に際しては弾薬の取り出しを顧慮して右前腰部分に回す。「胴乱」内部は弾薬の激突防止と保護・防音の目的で熊皮が張られている。

収納状態の弾薬は十発ごとに用紙と糸で梱包されており、五百発を木箱に収めた。

銃剣は「短剣」タイプと「銃槍」と呼ばれるスパイクタイプの二種類が存在するが、歩兵用の銃剣は短剣タイプであり「銃口」の右側面部分に水平に装着する。

銃剣は日本では「ヤタガン」と呼ばれた両刃の洋式短剣タイプであり、「柄」と「鍔」と「刀身」より構成されており、刀身長は五百八十ミリであり刃の断面は鋭三角形である。この銃剣の特色として銃自体が元々は前装式であるため、装填動作に干渉しないように刀身が直線状ではなく蛇行した作りとなっていた。「ヤタガン」は「耶《や》達拳《たがん》」の当て字が用いられていた。「鞘」は牛皮製で「鞘口」と「鐺」部分は鉄製である。

補給と輜重兵システム

この時期の日本陸軍の弾薬補給は、明治八年の「砲兵方面本支廠条令」により「砲兵方面」と一括りで呼ばれており、補給・整備方面で国内を、東京方面の「第一方面」と大阪方面の「第二方面」に二分割して補給体制の確立が図られた。

また、弾薬・兵器・武具の製造・修理・支給・保管の拠点として、既存の「造兵司」と「武庫司」の改編が行なわれた。

この改編により、東京の「造兵司」を改編して「砲兵第一方面内砲兵本廠（通称「東京砲兵本廠」ないし「砲兵本廠」）」と、大阪の「大砲製造所」を改編した「砲兵第二方面内砲兵支廠（通称「大阪砲兵支廠」ないし「砲兵支廠」）」が設けられた。

日本陸軍の戦闘部位の補給としては、六つの各「鎮台」の隷下には「輜重兵小隊」が一隊ずつ配備されていた。平時の「輜重兵小隊」は「輜重兵大尉」を小隊長として将校以下八十五名と馬匹八十五匹であり、馬匹は二十九匹が乗馬で五十六匹が駄馬であった。

戦時の「輜重兵小隊」は予備役の召集により人馬が増強されて、「輜重兵大尉」を小隊長として将校以下百五名と馬匹百六匹であり、馬匹は三十匹が乗馬で七十六匹が駄馬であった。

実際の戦闘に際しては、後の「輜重輸卒」による戦時輸送システムの確立されていない時期であったため、明治七年の「征台の役」の時などと同様に民間より運搬・使役要員である「役夫」を「軍夫」の名称で適宜に臨時雇用して各種の輸送任務に従事させることがプランニングされていた。

エンピール・スナイドル銃

口径	14.7ミリ	
重量	4765グラム（含銃剣）	
	3970グラム（除銃剣）	
全長	1810ミリ（含銃剣）	
	1232ミリ（除銃剣）	
弾薬	弾薬重量	47.2グラム
	弾頭重量	31.1グラム
	装薬重量	4.54グラム

砲兵方面一覧　明8年

区分		包括地
砲兵方面	第一方面 砲兵第一方面内 砲兵本廠	第一軍管
		第二軍管
		第三軍管
		北海道
	第二方面 砲兵第二方面内 砲兵支廠	第四軍管
		第五軍管
		第六軍管

この時期の輜重隊による輸送スタイルは「駄馬」の背に付けた「駄鞍」に荷物を搭載する「駄載」が主体であり、戦時での臨時雇用である「軍夫」の場合も輸送の主体は「駄馬」がメインであり、補助的な運用で人力ないし牛馬による牽引の「大八車」が用いられた。「駄鞍」の荷物搭載量は二十五貫（九十三・七五キロ〈一貫＝三・七五キロ〉）であることから、単純計算で平時の場合の駄馬八十五匹で合計五千二百五十キロ、戦時の七十六匹で七千百二十五キロである。

小銃弾の駄馬輸送の場合、五百発入の弾薬箱二〜三個を「駄鞍」に駄載して輸送しており、二個の場合は鞍の左右に振り分け、三個の場合は左右と鞍の上部に搭載している。

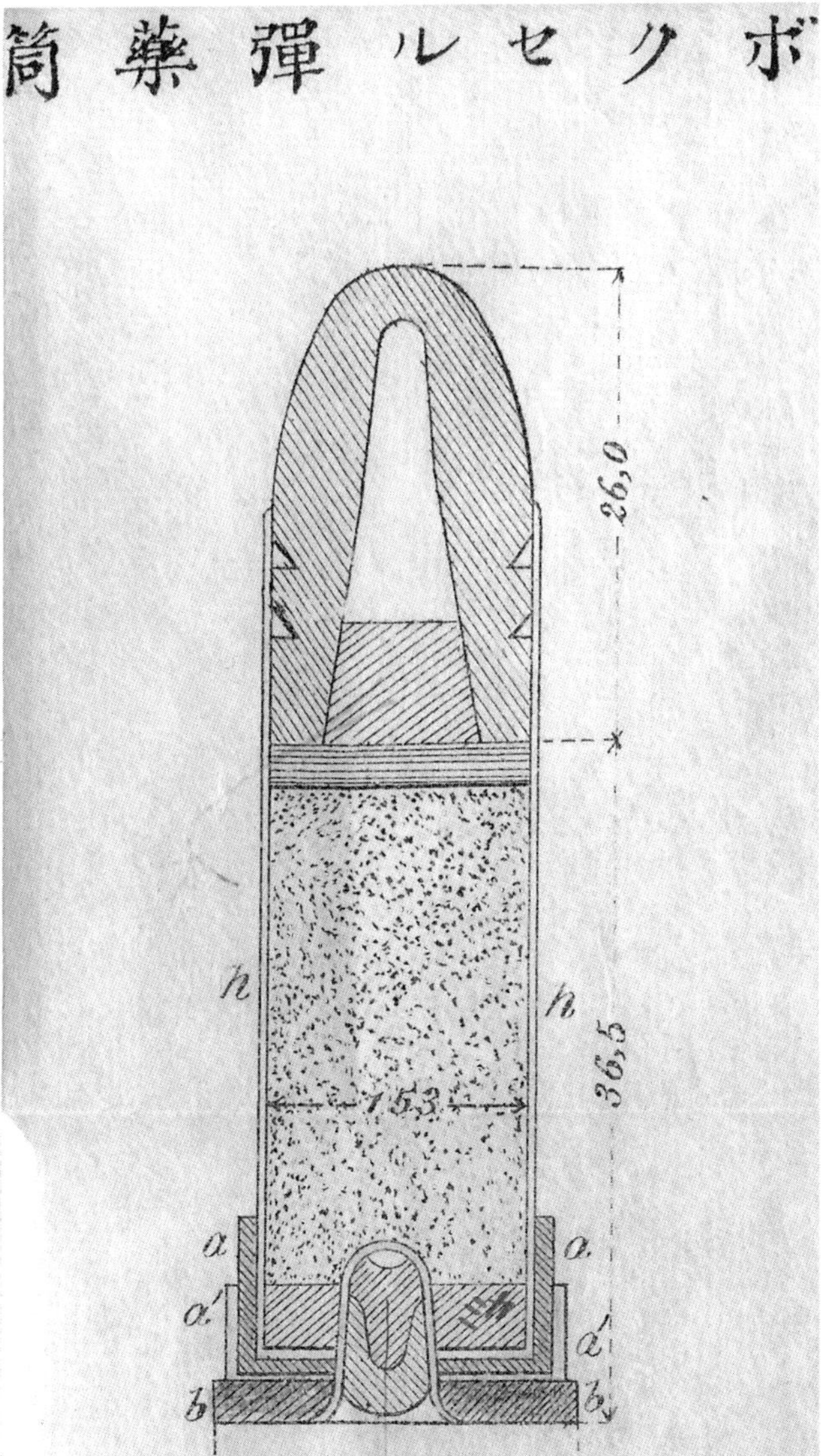

「エンピール・スナイドル銃」の「弾薬筒（実包）」。真鍮製の薬莢が用いられており、薬莢底部の中央にある雷管を撃針が打つことで発射薬を燃焼させて弾丸を発射する「中心打撃式実包（センターファイアー・カートリッジ）」と呼ばれる形式の実包である。この形式の実包は発明者である英陸軍のボクサー大佐の名を冠して「ボクサー（ボクセル）」式とも呼ばれた

第5話

西南戦争期の騎銃

西南戦争期の「騎銃」である「スタール銃」「スペンセル銃」「シャープス銃」の三銃及び、この時期の「歩兵聯隊」の編成を紹介していく！

西南戦争

明治十年になると、九州で蜂起した旧藩士を核とした「西郷軍」と、鎮圧サイドの「政府軍」との間で日本最後の大規模内戦である「西南戦争（明治十年の役）」が勃発する。

前述のように日本陸軍の制式小銃は明治七年に制定された「陸軍小銃制式」として、「歩兵銃」では「アルビニー銃」「スナイドル銃」「シャスポー銃」「エンピール銃」の四銃、「騎銃」では「スペンセル銃」「スタール銃」「シャープス銃」の三銃が制式とされ、さらに明治八年以降は歩兵銃の整備重点を「スナイドル銃」「エンピール銃」「アルビニー銃」の三銃に傾倒している。

「西南戦争」において陸軍サイドは「スナイドル銃（含む「エンピール・スナイドル銃」）」「エンピール銃」「ツンナール銃（別名「ドレイス銃」）」の三銃を主力小銃として、これら三銃の弾薬の生産を優先して行なっている。

「ツンナール銃」は「紙製薬莢」を用いるものの、他の後装式小銃と比較して射撃機構が「回転鎖《さ》閂式《さんしき》（ボルトアクション）」であることから速射性に優れている面より、同一システムを持つ「シャスポー銃」「マンソー銃」も同じく戦時に備えての予備銃として整備が行なわれており、この「ツンナール銃」と併せて「シャスポー銃」「マンソー銃」も動員部隊により多用されている。

陸軍制式の「歩兵銃」はすでに紹介しているので、今回は騎兵・砲兵・輜重兵が装備した制式「騎銃」である「スタール銃」「スペンセル銃」「シャープス銃」の三銃を紹介する。

スタール銃

「スタール銃」は米国「スタール製銃社」が一八五八年に販売した元込式単発銃の「騎銃」であり、「スペンセル銃」に酷似した外観を持っている。

射撃システムは「用心金」兼用の

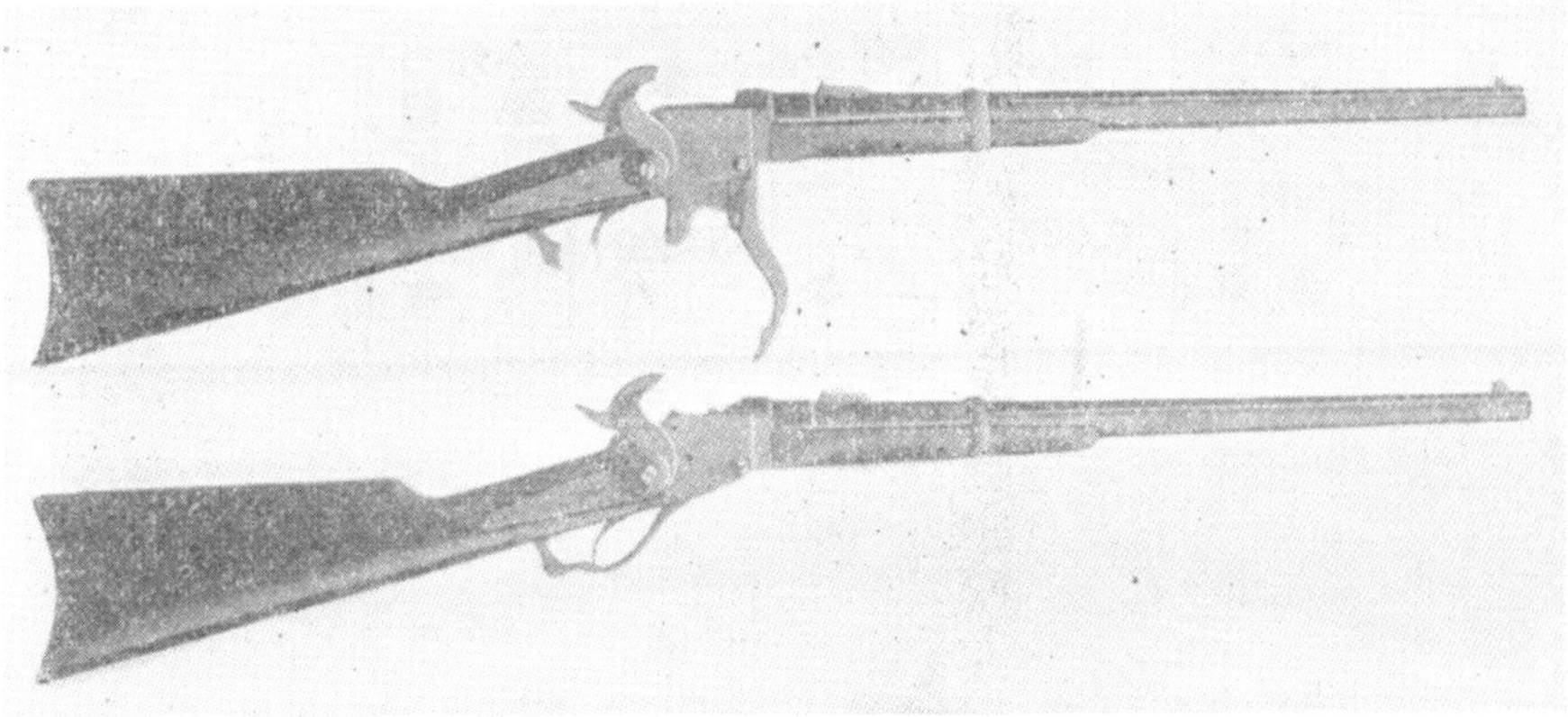

「スタール銃」。写真は金属製薬莢を使用する後期型であり、写真上は「用心金（トリガーガード）」兼用の「槓桿（レバー）」を下げて「底碪（ていがん）」と呼ばれる機関部を下げた状態。「撃鉄（ハンマー）」は「安寧段（ハーフコック）」の状態となっている

「槓桿」を操作する「底碪式《ていがん》」であり、初期型は雷管と紙製薬莢を用い、（レバーアクション）」後期型は金属製薬莢を用いるタイプであり、日本には幕末に米国より輸入されている。

スペンセル銃

「スペンセル銃」は万延元年（一八六〇年）に米国で発明された「底碪式」タイプの七連発銃であり、銃身長により長銃身の「歩兵銃」と短銃身の「騎銃」があり日本には後者の「騎銃」が多数輸入されている。

幕末時は「精鋭無比」の別名を冠した新式銃であり「戊辰戦争」で「佐賀藩兵」により多数が使用されている。

日本陸軍では「騎兵」の戦闘用のほかに「砲兵」と「輜重兵」の自衛用として装備されており、ほかの「底碪式」の騎銃と異なり連発式のために「スペ

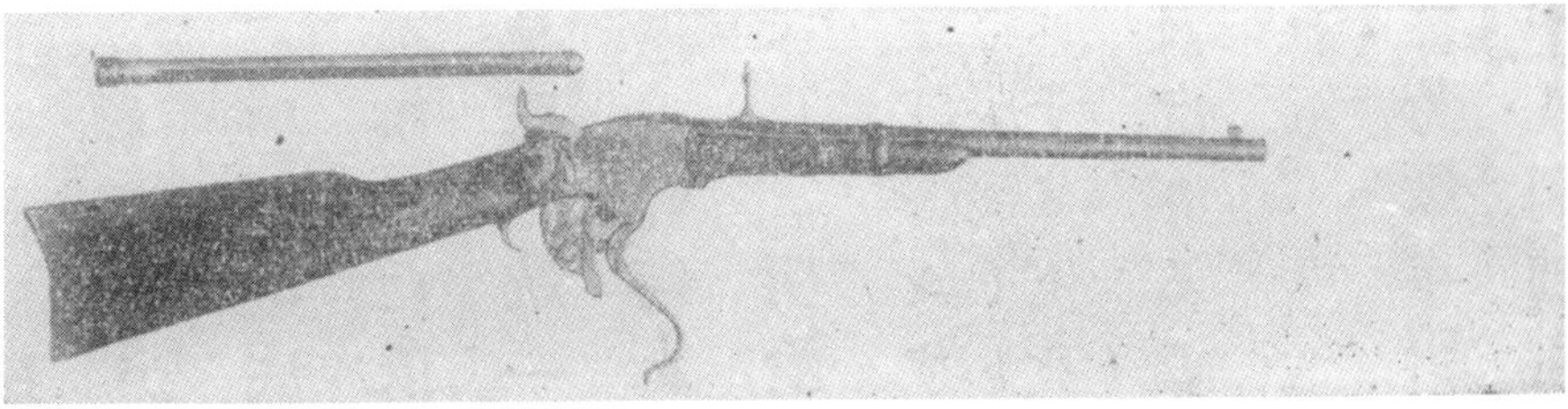

「スペンセル銃」。「スペンセル繰出式銃」の別称もある「連発底碪式」の射撃機構を持っており、「用心金」兼用の「槓桿」を下げ「底碪」を下げた状態。「撃鉄」は「安寧段」となっている。銃の上には「弾倉管」が置かれている

ンセル繰出式銃」の別称があった。

「スペンセル銃」の特徴は後装銃の中で「銃床（ストック）」内に七発の弾薬を収納する筒型の「弾倉」があり弾薬は内蔵されたバネ式「弾倉《だんそう》管《かん》（マガジンスプリング）」により押し出される。

射撃に際しては、「撃鉄（ハンマー）」を「安寧段《あんねいだん》（ハーフコック）」の位置に下げてから、「引金」の「用心金」を兼用している「槓桿（アンダーレバー）」を下前方へ押し下げてから、「槓桿」を押し上げて元の位置に戻すと、「尾槽《びそう》」と呼ばれた銃機関部内にある射撃機構が収まる「底礎」が下に降りるとともに、「銃床」内の「弾倉」よりバネで押された「弾薬」が薬室に装填される。

つづいて「撃鉄」を「安寧段」よりさらに押し下げて「撃発段（フルコック）」に位置にセットしてから、「引金」を引いて射撃を行なう。

射撃後に再び「槓桿」を上下に操作することで、「薬莢」が排出されるとともに新たな弾薬が「薬室」に装填されて、この動作を繰り返すことで「弾倉」内にある七発の弾薬を射撃することができた。射撃速度はシステムの保全上から三十秒間に八発を限度とした。

銃身には右回りで七本のライフリングがあり、照準には「照星」と「照尺機」を用い「照尺機」の起倒式の「表尺鈑」を倒した状態で百ヤード、「表尺鈑」を起こすと基部に二百ヤードでその上に三百〜八百ヤード間で百刻みでの距離が示され、「表尺鈑」最上の「表尺頭」は九百ヤードの距離を示した。

装填方法は、「銃床」底部の「床尾板」にはまっている、「銃床」内の「弾倉」よりバネ式で弾薬を押し上げる「弾倉管」の底部を九十度回転させて抜き取る。つづいて「鉄管」と呼ばれるブリキ製のチューブに弾薬七発を入れたのち、この「鉄管」を逆さにし

スタール銃

口径	14ミリ
重量	3400グラム
全長	960ミリ

スペンセル銃

口径	12.7ミリ	
重量	3765グラム	
全長	941ミリ	
弾薬	弾薬重量	25.0グラム
	弾頭重量	31.1グラム
	装薬重量	2.85グラム

シャープス銃

口径	13ミリ
重量	4000グラム（歩兵用） 3500グラム（騎兵用）
全長	1195ミリ（歩兵用） 990ミリ（騎兵用）

歩兵聯隊編成

聯隊本部		
第一大隊	大隊本部	
	右半大隊	第一中隊
		第二中隊
	左半大隊	第三中隊
		第四中隊
第二大隊	大隊本部	
	右半大隊	第五中隊
		第六中隊
	左半大隊	第七中隊
		第八中隊
第三大隊	大隊本部	
	右半大隊	第九中隊
		第十中隊
	左半大隊	第十一中隊
		第十二中隊

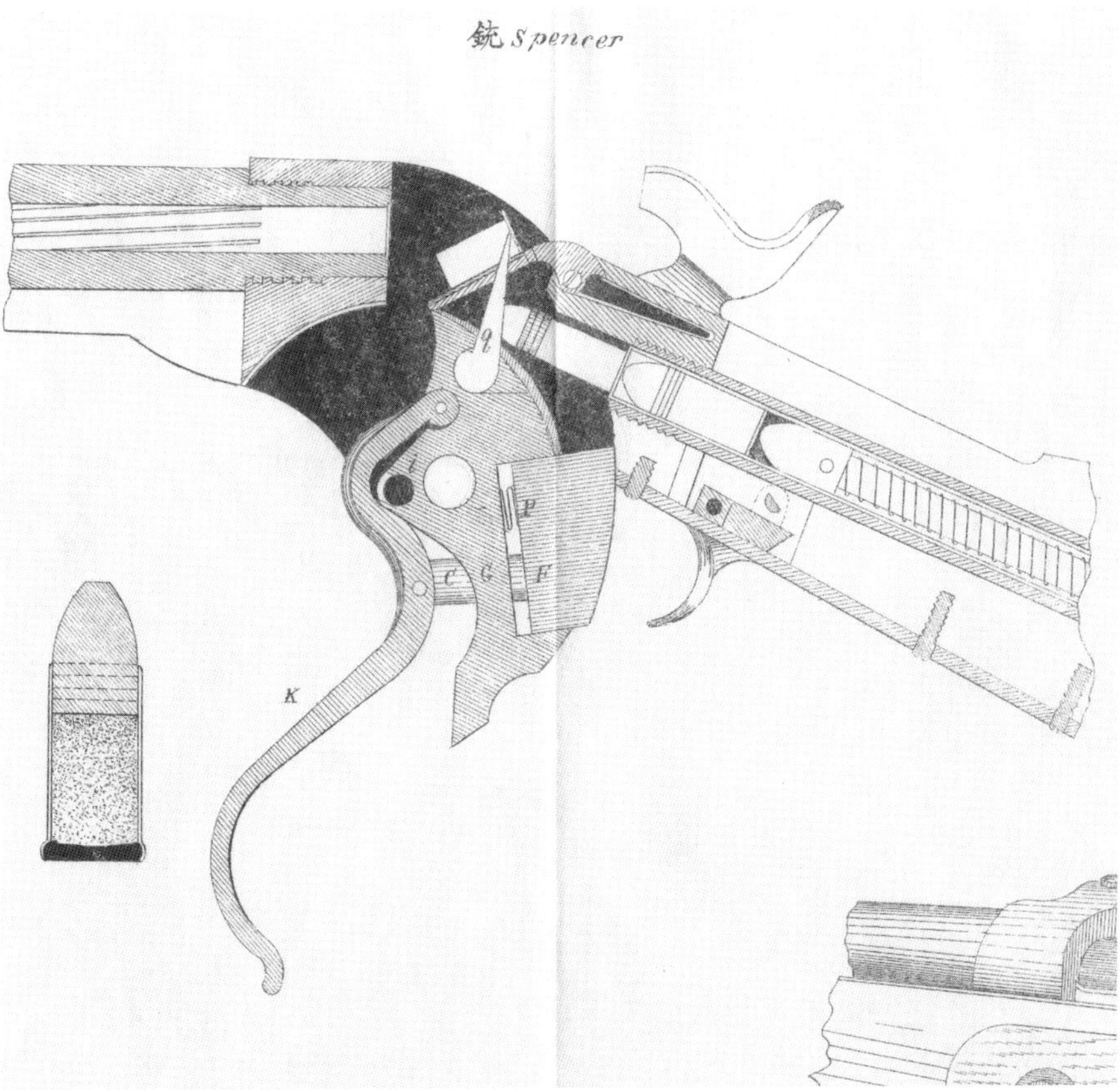

「スペンセル銃」の「尾槽」と呼ばれた機関部。「槓桿」を下げた状態で、「弾倉管」より「薬室（チャンバー）」への弾薬の動きがわかる。また「スペンセル銃」の弾薬は「中心打撃式実包（センターファイアー）」ではなく、雷管を用いない「辺縁打撃式実包（リムファイアー）」である

て「弾倉」内に弾薬を入れてから、つづいて「弾倉管」を「床尾板」に挿入して再び九十度回転してセットする。

弾薬七発をあらかじめセットした「鉄管」は黒革製肩掛式の「弾薬嚢」に収められており、「鉄管」の収納数により十本入りが騎兵用、十三本入りが歩兵用であった。

また応用装填として、「弾倉」のほかに薬室内に一発の合計八発を装填することもできるほか、「弾倉」を用いない単発装填も可能であった。

単発装填を行なう場合、初期型の銃では「槓桿」を操作して「底礎」を完全に下げると、連発機構が機関部に干渉するため、「槓桿」を完全に下げずに「底礎」を中途で停止させた状態での装填を行なった。

また、後期型の銃では単発装填時に連発機構を切り離すための「螺子《らし》」（通称「連発機」）」と呼ばれるラッチが「引金」の前にあり、単発の装填の場合はこの「羅子」を右九十度に

回して底碓の連発機構との接続を切り離した。

シャープス銃

「シャープス銃」は米国の「シャープス製銃社」が一八五九年に発売した「底碓式」の元込式単発銃である。銃身の長さによって「歩兵銃」と短銃身の「騎銃」の二種類があり、「南北戦争」では両軍ともに「騎銃」が多用された。

初期の「一八五九年式シャープス銃」は紙製薬莢と雷管を用いる射撃スタイルであるが、改良型の「一八六三年式シャープス銃」は金属製薬莢を用いた。

歩兵聯隊の編成

この時期の「歩兵聯隊」の編成は明治八年の「軍制綱領」により制定された編成であり、聯隊は指揮機関である「聯隊本部」の隷下に「歩兵大隊」三個を擁する編成がスタンダードであり、地域的に二個大隊を擁する変則編成も存在した。

「聯隊本部」は「聯隊長（大佐）」以下九名の「聯隊本部」の隷下に三個「歩兵大隊」がある。「歩兵聯隊」の平時の兵員数は聯隊長以下二千三百四十六名である。

「歩兵大隊」は指揮機関である「大隊長（少佐）」以下十一名の「大隊本部」の隷下に「歩兵中隊」四個を擁しており、「第一中隊」と「第二中隊」で「右半大隊」、「第三中隊」と「第四中隊」で「左半大隊」を編制した。「歩兵大隊」の平時の兵員数は大隊長以下七百七十九名である。

「歩兵中隊」は「中隊本部」と二個「歩兵小隊」より編成されており、「歩兵小隊」は二個の「半隊」より編成されており、各「半隊」は二個「分隊」より編成されていた。「歩兵中隊」の平時の兵員数は中隊長以下百九十二名である。

平時の「歩兵中隊」の編成は次表の通りである。

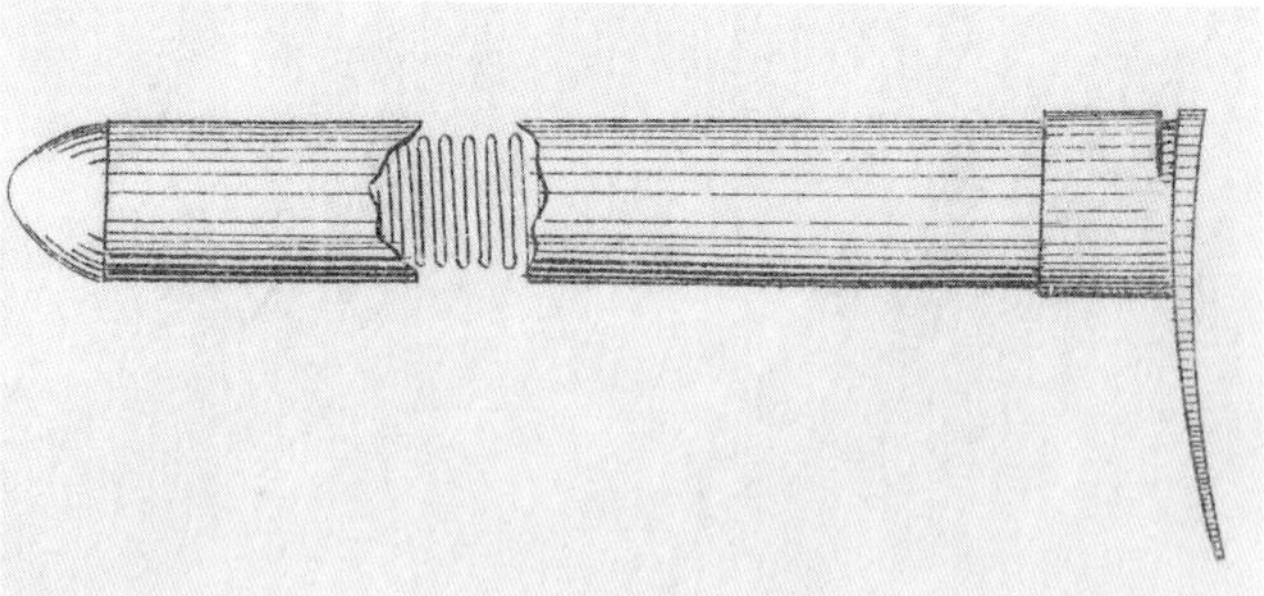

「スペンセル銃」の「弾倉管」。「銃床（ストック）」内部に収容されていて、装填に際しては90度回転させてから「銃床」より引き抜いて、続いて予め弾薬７発をセットしてあるクイックローダーの役目をするブリキ製の「鉄管」を用いて弾薬を装填した後に、「弾倉管」を再度セットしてバネの力で弾薬を前方の薬室へ送り込む

戦時になると「歩兵中隊」は予備役より「一等卒」八十名の増援を受けて二百七十二名となり、「歩兵大隊」で千九十九名、「歩兵聯隊」で合計三千三百八名の人員となる。

また状況に応じて、「聯隊」に少佐一名、各大隊に後の主計である「軍司副」と「軍司補」各一名、各中隊に少尉一名の増員が行なわれることになっていた。

なお、この時期は「聯隊本部」付となる銃修理の「銃工長」「銃工」、被服修理の「縫工長」「縫工」、靴修理の「靴工長」「靴工」等の諸工長・諸工は、陸軍全体で定数に達していない時期であり『……漸次之ヲ置クモノトス……』として整いしだい部隊に置くものとされていた。

これは歩兵以外の騎兵・砲兵・工兵・輜重兵等の他兵科も同様であり、必要の場合は市井より職工を雇役することとなっていた。

歩兵中隊編成

中隊本部	中隊長		大尉	1
	中隊附将校		中尉	2
	本部付下士官		曹長	1
			軍曹	4
			給養掛軍曹	1
			炊事掛伍長	1
第一小隊	小隊長		少尉	1
	第一半隊	半隊長	軍曹	1
		第一分隊	伍長	2
			一等卒	6
			二等卒	13
			喇叭卒	1
		第二分隊	伍長	2
			一等卒	6
			二等卒	13
			喇叭卒	1
	第二半隊	半隊長	軍曹	1
		第三分隊	伍長	2
			一等卒	6
			二等卒	13
			喇叭卒	1
		第四分隊	伍長	2
			一等卒	6
			二等卒	13
			喇叭卒	1
第二小隊	小隊長		少尉	1
	第三半隊	半隊長	軍曹	1
		第五分隊	伍長	2
			一等卒	6
			二等卒	13
			喇叭卒	1
		第六分隊	伍長	2
			一等卒	6
			二等卒	13
			喇叭卒	1
	第四半隊	半隊長	軍曹	1
		第七分隊	伍長	2
			一等卒	6
			二等卒	13
			喇叭卒	1
		第八分隊	伍長	2
			一等卒	6
			二等卒	13
			喇叭卒	1

聯隊編成

聯隊本部		
第一大隊	大隊本部	
	右半大隊	右半大隊本部
		第一中隊
		第二中隊
	左半大隊	左半大隊本部
		第三中隊
		第四中隊
第二大隊	同　上	
第三大隊	同　上	

第6話 マルチニー銃と迅発撃銃

「マルチニー銃」「ウインチェスター銃」、そして、国産小銃である「迅発撃銃」を、射撃方法等を交えながら紹介していく！

マルチニー銃

「マルチニー銃」は金属製薬莢を用いる米国製「底碪式《ていがんしき》」の後装式単発小銃である。米国では「ピーボディ・ヘンリー銃」と呼ばれており、英国では「マルチニー・ヘンリー銃」の呼称で一八七一年より制式軍用銃として採用されたものである。

この「マルチニー・ヘンリー銃」は英軍初の金属製薬莢を用いる後装式小銃であった。

日本では慶応四年（明治元年、一八六八年）に「庄内藩」が米国より初めて輸入しており、明治建軍後は陸軍と海軍でも多用されていた。

「マルチニー銃」の特記すべき点は、他の「スペンセル銃」や「スタール銃」などと射撃システムは同一の「底碪式」であるものの、「尾槽（機関部）」内に撃鉄を内蔵しているため射撃に際して「撃鉄」を「安寧段（ハーフコック）」より「撃発段（フルコック）」へと動かす動作が無く、「槓桿」操作のみでの射撃準備が可能なことから「回転鎖閂式（ボルトアクション）」の小銃と同等の射撃速度があることが特徴であった。

「マルチニー銃」は装填に際して、「引金」の「用心金（トリガーガード）」の後ろにある「槓桿（アンダーレバー）」を握りながら下前方へ下げて撃発機構のある「底碪」を下方へ下げる。

続いて薬室に弾薬を装填してから、「槓桿」を元の位置に戻し、「引金」を引いて射撃を行なう。

「槓桿」を再び下前方に下げると「尾槽」と呼ばれた機関部内にある「底

マルチニー銃

口径	11.43ミリ	
重量	4765グラム（含銃剣）	
	4423グラム（含銃槍）	
	3970グラム（除銃剣）	
全長	1829ミリ（含銃剣）	
	1785ミリ（含銃槍）	
	1262ミリ（除銃剣）	
弾薬	弾薬重量	48.3グラム
	弾頭重量	31.1グラム
	装薬重量	5.5グラム

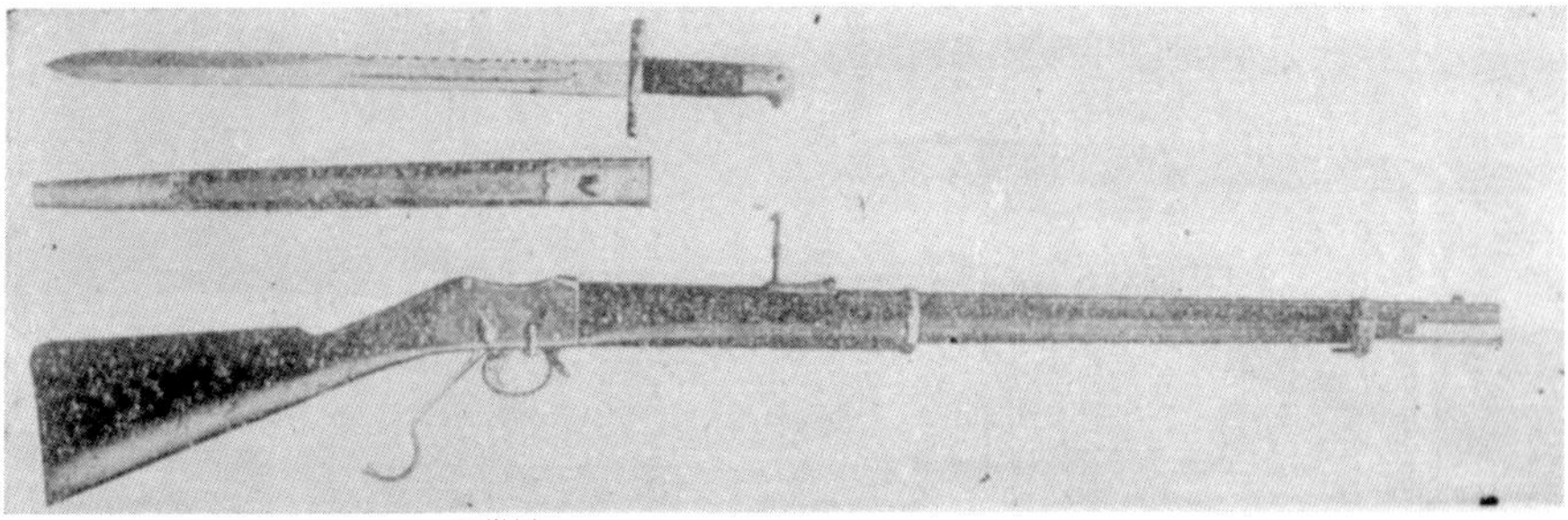

英国製の「マルチニー銃」。「底碪式《ていがんしき》」と呼ばれる射撃機構であり、「槓桿（アンダーレバー）」を下前方へ下げて「底碪」を下方へ下ろした装填状況である。「尾槽《びそう》（機関部）」右側面には銃が発射状態であるかを示す「指針《ししん》」と呼ばれる涙滴状の可動式マークがあり、その隣には「避害機《ひがいき》」と呼ばれる安全装置がついている。「避害機」の「端末引金《たんまつひきがね》（セレクター）」を下に押し下げると「引金」にストップがかかるようになっている

碪」が下に降りて「薬莢」が排出される。

「銃身」には右回りで七本のライフリングがあり、照準には「照星」と「照尺機」を用いる。「照尺機」にある「階梯趺坐」と呼ばれる射撃距離を示す段階式サイトには百、二百、三百、四百ヤードの距離表示別に段差があるほかに、起倒式の「表尺鈑」を起こすと五百〜千二百ヤード間で百刻みでの距離が示されていた。

また、銃が発射状態であることを示す目印として、「尾槽（機関部）」右側面に「指針」と呼ばれる涙滴状の可動式マークがあり、このマークの位置で確認することができた。

安全装置は英国式にのみ付けられており、「尾槽」の右側に「避害機」と呼ばれる安全装置があり、その「端末引金（セ

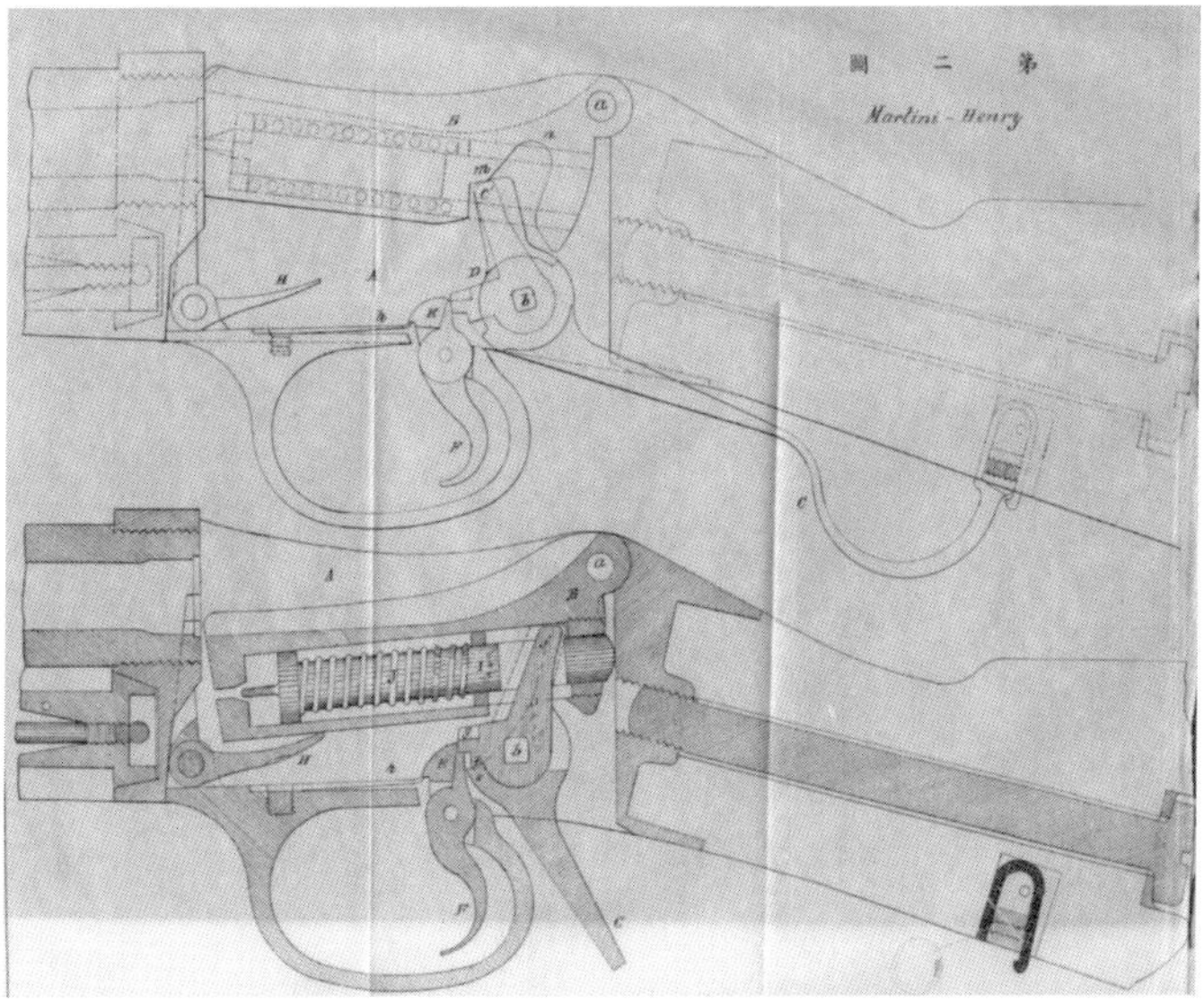

「マルチニー銃」の「尾槽」と呼ばれた機関部の内部機構と、「底碪式」と呼ばれた射撃機構

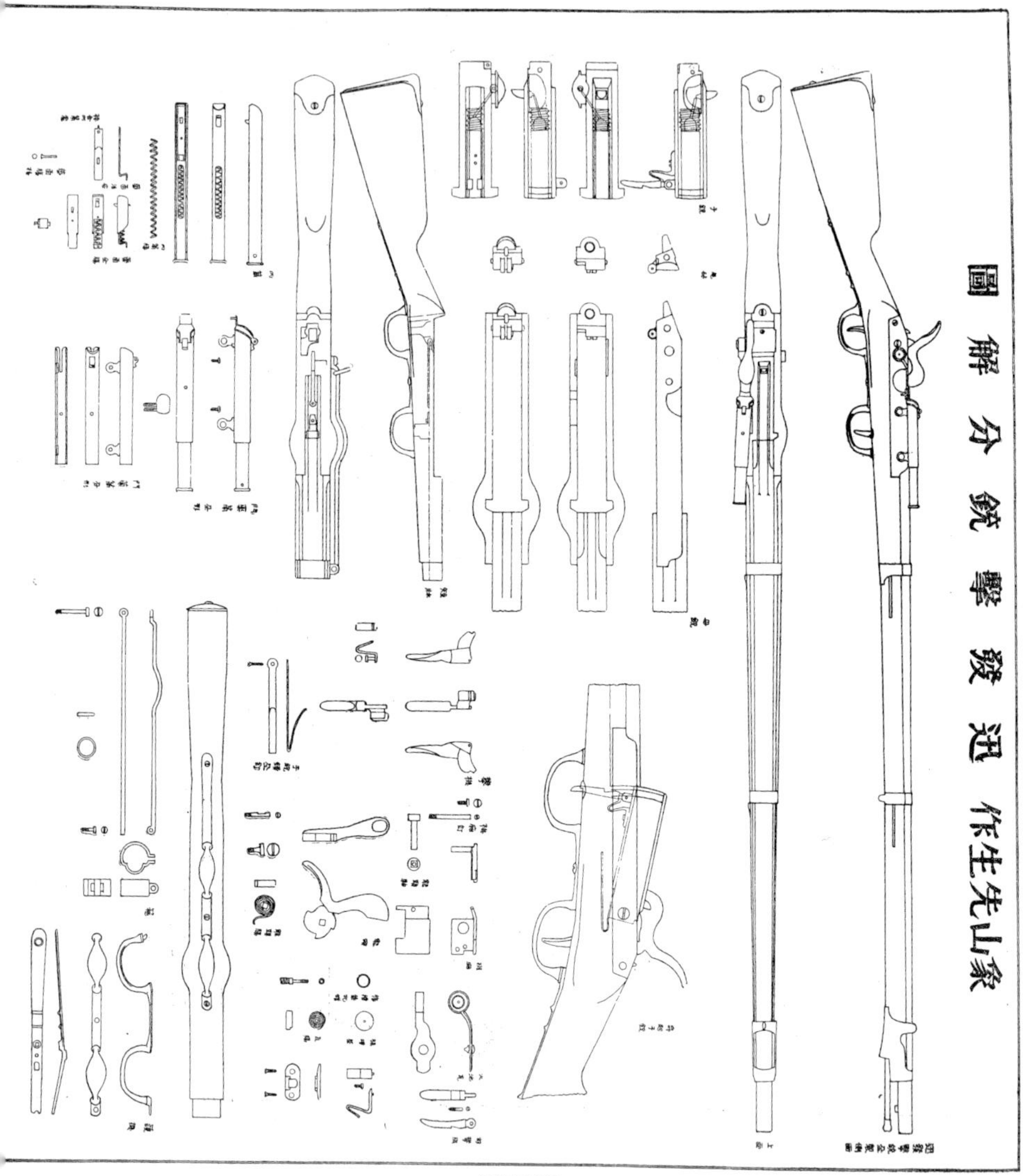

「迅発撃銃《じんぱつげきじゅう》」

レクター）」を下に押し下げると「引金」にストップがかかるようになっていた。

「銃剣」は「平剣」と呼ばれる通常の刀剣タイプのものと、「三菱剣」と呼ばれる槍状の「銃槍（スパイクバヨネットタイプ）」の二種類があった。

ウインチェスター銃

「マルチニー銃」のような「底礎式」と外見が酷似している射撃機構で、「用心金」兼用の「槓桿」を前下方に操作する射撃機構に「直動鎖《ちょくどうさ》閂式《さんしき》」と呼ばれる方式がある。

この「直動鎖閂式」の代表例としては、「米国ウインチェスター製銃社」が製造した「ウインチェスター製銃社製一八六六年式銃」の系列が有名であり、日本には幕末に少数が輸入されている。

「ウインチェスター製銃社製一八六六年式銃」系列は使用弾薬が「辺縁打撃式実包（リムファイアー・カートリッジ）」であったが、改良型の「ウインチェスター製銃社製一八七三年式銃」は薬莢底部に雷管を備えた「中心打撃式実包（センターファイアー・カートリッジ）」が用いられるようになった。

幕末に日本に輸入された「ウインチェスター製銃社製一八六六年式銃」系列の銃は日本陸軍で用いられることはなく、猟銃として散弾銃タイプのものを含めて民間の銃砲店が米国より輸入したものを国内販売している。

この「直動鎖閂式」の呼称は、市井では「操討式《くりうちしき》（レバーアクション）」ないし「繰討（打）装填式」と呼ばれており、併せて「槓桿」を水平方向の前後に操作するタイプの連発散弾銃の操作方式は「繰出式《くりだしき》（ポンプアクション）」ないし「繰出装填式」と呼ばれていた。

初の国産後装銃、迅発撃銃

幕末期の各藩は、輸入小銃の採用と併せて輸入小銃の模倣生産が行なわれ

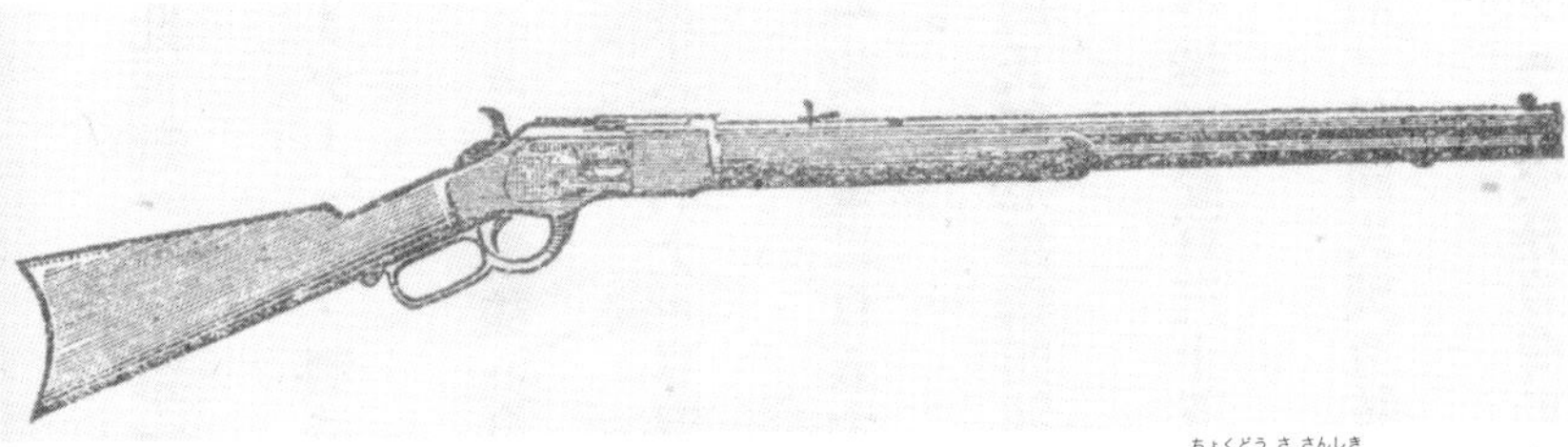

「ウインチェスター製銃社製一八六六年式銃」。射撃機構は「底礎式」に酷似した「直動鎖閂式《ちょくどうさ さんしき》（レバーアクション）」。市井では「直動鎖閂式」を「操討式《くりうちしき》（レバーアクション）」ないし「繰討（打）装填式」と呼んでいた

ているほか、さまざまな日本独自の銃器開発も各藩ごとに行なわれていた。

従来の「火縄」や「燧石」に替わり「雷管」を用いる最先端である「雷管銃」が一八四一年にオランダで軍用銃として制式採用された翌年の一八四二年には、「尾張藩」の医師「吉雄常三」が「雷管」に用いる火薬である「雷汞」の開発・製造と、前装式小銃に「雷管」を用いた撃発を行なう「雷管銃」を創製している。

後に開発者である「吉雄常三」は火薬の研究中の爆発事故により死亡している。

安政三年（一八五六年）になると「吉雄常三」の研究を引き継いだ「江川太郎左衛門」の弟子であり、松代藩の御用鉄砲鍛冶であった「片井京助」が松代藩軍師の「佐久間象山」の指導のもと輸入された後装式小銃の情報と「吉雄常三」の「前装式雷管銃」をベースとして国産の「後装式雷管銃」の開発を開始して、輸入小銃を母体に改造を施した試作銃が二年後の安政五年（一八五八年）に完成している。

この日本初の国産「元込雷管銃」は、一分間に十発の発射性能を持つことから「佐久間象山」により「迅発撃銃《じんぱつげきじゅう》」と命名されている。

「迅発撃銃」のシステムのベースは、米国人「ホール」が開発した「ホール一八一九年式小銃」であり、装填に際して「引金」の前にある引金状の「槓桿」を前に押し出すことで、機関部より上方へ遊底を上げ（扛）起こすことから「遊底扛起式《ゆうていこうきしき》」と呼ばれる「紙製薬莢」を用いた後装式撃発システムを備えていた。

「ホール一八一九年式小銃」は「紙製薬莢」を用いて「燧《すい》石《せき》」による撃発を行なうタイプであり、後の一八三三年に米国人「ヘンリー・ノース」により「雷管」による撃発形式に改良された。

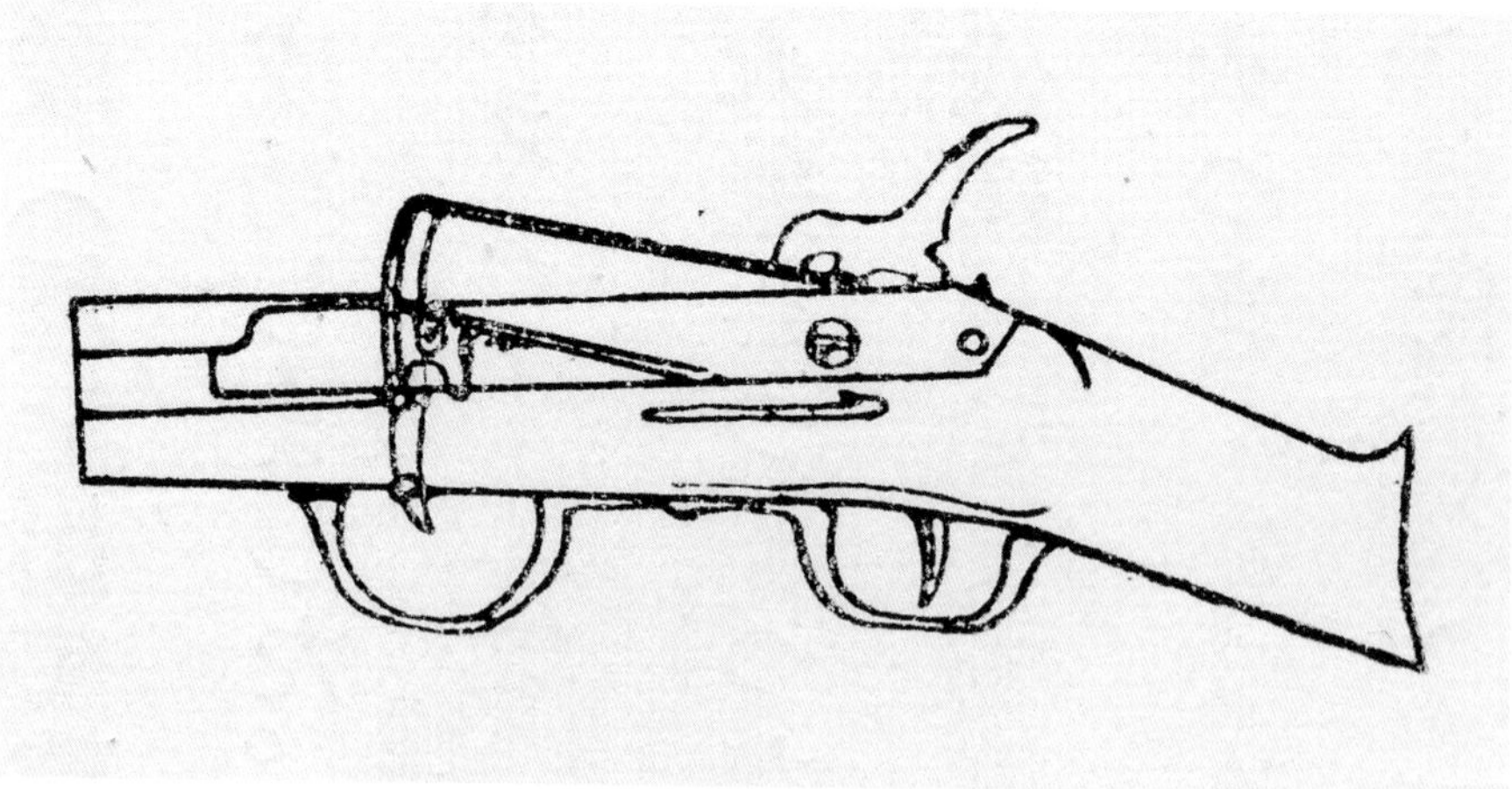

「迅発撃銃」の「遊底扛起式《ゆうていこうきしき》」のシステム。「前撃機《ぜんはんき》」と呼ばれた「槓桿」を前に押し出して「母《ぼ》銃《じゅう》」と呼ばれる「機関部」から上方へ「子銃《しじゅう》」と呼ばれる「遊底」を上げ（扛）起こした状態

また、「ホール一八一九年式小銃」には改良型の短銃身の騎銃である雷管式の「ホール一八四三年式小銃」があり、このタイプの騎銃は嘉永六年（一八五三年）に日本に来航した「ペリー」一行が幕府への献上品の中に含まれていた。

日本では雷管式「ホール銃」を、開発者の「ヘンリー・ノース(Henry. S. North)」の「S. North」を取って「スノルト銃」と呼んでいた。

「佐久間象山」は試作が完成した「迅発撃銃」の図面を安政五年十月に幕府の大老「井伊掃部頭」へ謹呈しているものの、「佐久間象山」が蟄居中の身であることから翌年六月に却下される結果となり、「迅発撃銃」は陽の目を見ることはなかった。

迅発撃銃の射撃方法

「迅発撃銃」の射撃に際しては、つぎの八段階の動作で射撃を行なった。

①「護機《ごき》」と呼ばれた「用心金（トリガーガード）」の前方にある引金に酷似した「前攀機《ぜんはんき》」と呼ばれた「槓桿」を前に押し出すことで、「母銃《ぼじゅう》」と呼ばれた「機関部」より上方へ「子銃《しじゅう》」と呼ばれた「遊底」を上げ（扛）起こす。

②「弾薬袋」より「弾薬包」と呼ばれた紙製薬莢の「弾薬」を取り出す。

③「弾薬包（弾薬）」を「子銃（遊底）」内に装填する。

④「子銃（遊底）」を押し下げて「母銃（機関部）」に収める。

⑤「龍頭《りゅうとう》」と呼ばれた「撃鉄（ハンマー）」を起こす。「撃鉄」は「安寧段《あんねいだん》（ハーフコック）」はなく「撃発段《げきはつだん》（フルコック）」のみの一段式である。

⑥銃機関部右側面にある「門薬筩《もんやくとう》（筒）」と呼ばれる「門薬（「雷管」の呼称）」を収容しているチューブマガジン状の筒である「外筩《がいとう》（筒）」に入れ子銃に嵌っている「内筩《ないとう》（筒）」の頭部を小指で押して、射撃用の「門薬（雷管）」をセットする。

⑦照準を行なう。

⑧「攀機《はんき》」と呼ばれた「引金（トリガー）」を引いて発射。

「弾薬袋」と呼ばれた弾薬ポーチは木製の箱の表面を牛皮で包括してあり、左肩から右腰に掛けるための負革と腰部分に固定するための皮帯が付いている。

「弾薬袋」の内部は二室に分けられており、各室は「弾薬包」の動揺防止のために内部に羊毛が張られており、紙製の弾薬筒は各室に十二発、合計二十四発を収納した。

装填に際して「弾薬包」は親指と人差指の二指で摘み出すが、この際に「弾薬包」底部は「弾薬袋」に連接した銅線により紙製薬莢の底部に発火用の傷が付けられるようになっていた。

また「門薬」と呼ばれていた「雷管」の予備は、「門薬盆」と呼ばれた漆塗のブリキケースに収容されており、「弾薬袋」の空きスペースに収められていた。

・迅発撃銃
口径／五分三厘（一六ミリ）
全長／三尺五寸七分（一〇八一ミリ）

村田銃①

第7話

明治十三年三月三十日に制定された「村田銃」を、開発経緯や弾薬、弾薬盒（弾薬ポーチ）等、様々な観点から陸軍初の国産制式小銃を取り上げていく！

村田銃

「村田銃」は明治十三年三月三十日に制定された日本陸軍初の国産制式小銃であり、制式呼称は「村田銃」であるが、初期には「戦用村田《せんようむらた》銃《じゅう》」の別名を冠した。

この時期の銃器のカテゴリー分類には、軍用の「戦用銃」、室内を含む短距離レンジで射撃練習を行なう「室内銃（別名「射的銃」）」、狩猟用の「猟銃」の三種類があり、新型の「村田銃」にも「戦用銃」の名称が冠された。

この「村田銃」は明治十八年に改良型の「十八年式村田銃」が制定されると、混同を避けるために「十三年式村田銃」と呼ばれるようになる。

村田銃の開発

「村田銃」の発明者は旧鹿児島藩士の「村田経芳歩兵中佐」であり、藩士時代の文久三年に藩より使用銃の研究・開発を命じられて、翌元治元年には二種の小銃の発明を行なっている。

つづいては藩命により長崎で軍用銃の買付を行なった後に「戊辰戦争」に従軍しており、その後は明治二年には「御親兵」に命じられ、明治健軍後は四年に「歩兵大尉」に進み、七年には「歩兵少佐」となって小銃の研究に従事するとともに、翌八年一月から十一月まで小銃と射撃の研究目的で欧州に派遣されている。この派遣中に村田はフランスで「普仏戦争」後に行なわれた、「紙製薬莢」を用いる「シャスポー銃」をベースに「金属製薬莢」を用いるようにした「グラース銃（「仏国一八七四式小銃」）」と、既存の「シャスポー銃」の「グラース銃」への改造等の視察も行なっている。

帰朝後は「砲兵工廠」で小銃の試作を行ない、翌明治九年には国産小銃の開発を行なう「武田成章砲兵大佐」を長とした「小銃試験委員」の要員を拝命する。

国産小銃の開発に着手した直後に「村田少佐」は「西南戦争」に従軍し

て、実際の戦場での小銃の状況を観察しており、戦後になり再び国産小銃の開発を再開している。

明治十一年四月に「小銃試験委員」は試作された三種類の試作銃の「第一次試験」が行なわれた。

明治十一年十二月の「第二次試験」では、前回の「第一次試験」の結果をもとに不具合を修正した五種類の試作銃の試験が行なわれた。

明治十二年九月の「第三次試験」では、前回の「第二次試験」の結果として破損や不発の試作銃を除いて命中精度と性能が優秀な一銃に改良を加えて増加試作した六銃が試験に供されている。

明治十三年二月の「第四次試験」では、前回の「第三次試験」の結果として機関部の性能は良好なものの「銃床」の木材の乾燥不十分という不備が露見したために良好な木材を用いた「銃床」をもつ試作銃六銃が試験に出されている。

「第四次試験」の結果は良好であり、「小銃試験委員」は最終的に機関部の小改良を加えることで試作銃は日本の「戦用銃」として適用との結果を出しており、陸軍省へ上申している。

この上申の結果、同年三月の「将官会議」によりこの試作銃を「村田銃」の名称で陸軍の制式軍用銃と決定されるとともに「東京砲兵工廠」での生産が決定された。

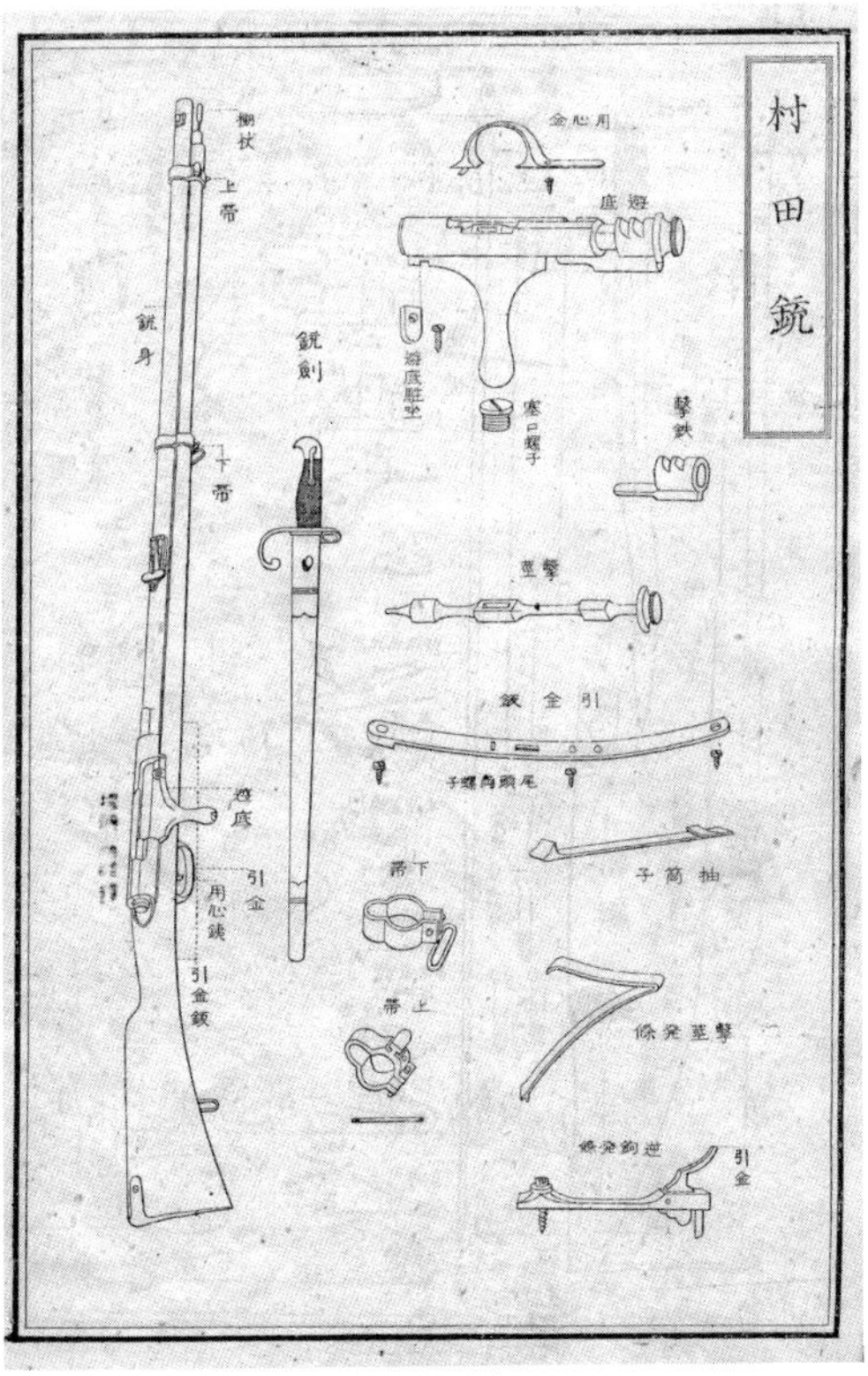

「村田銃」の分解図

村田銃（十三年式村田銃）

「村田銃」は金属製薬莢を用いる「槓桿（コッキングレバー）」の操作により「遊底（ボルト）」への装填を行なう「回転鎖《かいてんさ》門式《さんしき》（ボルトアクション）」の小銃であり、装弾数は一発の単発銃である。

「腔線」と呼ばれた銃腔内のライフリ

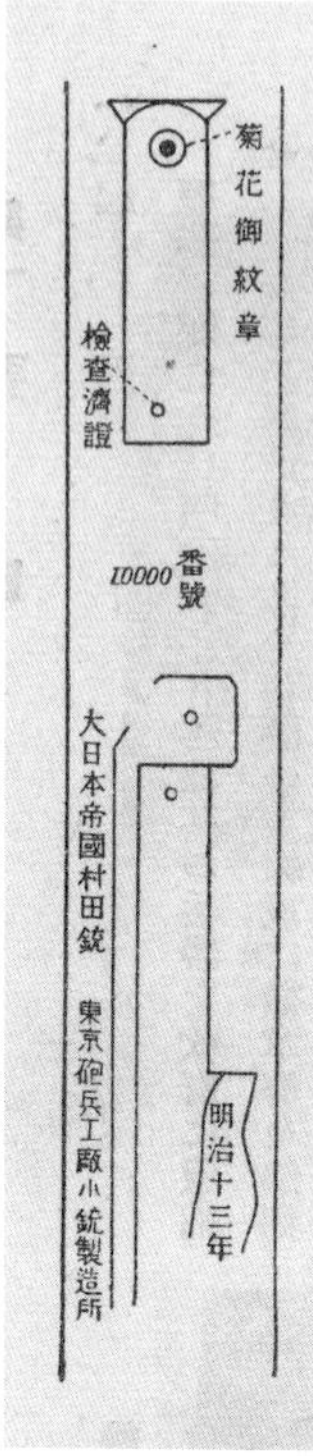

明治13年の「村田銃」の完成の折に、「東京砲兵工廠提理 関迪教砲兵大佐」より「陸軍卿大山巌」に8月15日に『村田銃刻印之儀二付申進（廠第十八号）』のタイトルで提出された申進に付けられた別紙図面

「日清戦争」時に「村田銃」を装備した歩兵。銃剣を装着すると1847ミリとなる銃の長さがわかる一葉である

ングは右回りに五本が施されていた。

照準には銃口部にある「照星」と「照尺」を用いる。「照尺」は「楷梯跌《かいていてつ》座《ざ》」と呼ばれる基部に起倒式の「表尺鈑」が付けられており、「楷梯跌座」自体にある三段の段差のある「照門」はおのおの二百、三百、四百メートルの距離を示し、「表尺鈑」を起こすと「表尺鈑」の基部は四百五十メートル、上部は千五百メートルを示すとともに、「表尺鈑」には五百～一千四百メートルまで五十メートル刻みで射撃距離が刻印されており、可動式の「遊標」を上下に動かして射撃距離をセレクトする。

「村田銃」は全てが国産の小銃であるが、当時の冶金技術の限界より銃身の鋼材は海外からの輸入品であるほか、技術面より通常はコイルスプリングを用いる撃発用のバネの大量生産が不可能な時期であったために板バネを用いている。

また小銃の手入れの際も、当時の教育レベルを反映して「遊底」部分の分解は将校の許可が無い場合は厳禁とされていた。

「村田銃」の生産数は約六万挺である。

「村田銃」は射撃のほかに、銃口部分に銃剣を装着することで白兵戦を行なうこともできた。

「村田銃」の「銃剣」は「剣身」「剣柄」「鞘」の三部より構成されており、「銃剣」の全長は七十一センチであり剣身長は五十七センチであった。

「剣身」の尖端部分は両刃型となっており、銃口尖端部の右サイドに水平に装着する。

「鞘」は黒革製であり、「剣柄」には湾曲した「鍔」がついており、この「鍔」を用いて休憩・露営時に「叉銃《さじゅう》」と呼ばれる三～四挺の小銃を組み合わせて立たせることを行なう。

・十三年式村田銃
重量／四一一六グラム（除銃剣）、四八六八グラム（含銃剣）
全長／一二八七ミリ（除銃剣）、一八四七ミリ（含銃剣）

御紋章

幕末の時期より「幕府軍」と二百六十にも及ぶ諸藩の装備する小銃には、その銃身の基部に所在を示すための紋章が入れられていた。

明治建軍後の明治五年になると陸軍は各藩から返納された小銃・火砲の銃身・砲身に「国軍の兵器」を示す意味で十六弁の菊花の御紋章を打刻している。また、この時期の小銃の銃床の側面にも併せて御紋章が打刻された。

小銃に御紋章を刻印する意味は、幕末期より明治維新の時期の各種戦闘で、兵員各個に渡された小銃が手荒く扱われたり、撤退に際して放棄される事例が多く、このような事例の再発を防ぐとともに、兵器の所在と愛護精神を培う目的で小銃に御紋章が刻印されるようになった経緯がある。

明治十三年の「村田銃」の完成の折にも、「村田銃」の銃身に御紋章の刻印の審議があり、「東京砲兵工廠」より「陸軍省」経由で「宮内省」へ伺が出されて刻印が実施されている。

この時の「東京砲兵工廠堤《てい》理《り》（「堤理」は「工廠長」）」の「関廸《みちのり》教砲兵大佐」より陸軍卿「大山巌」に八月十五日に『村田銃刻印之儀ニ付申進（廠第十八号）』のタイトルで提出された内容は、つぎのとおりであった。

当廠製造之村田銃銃身へ別

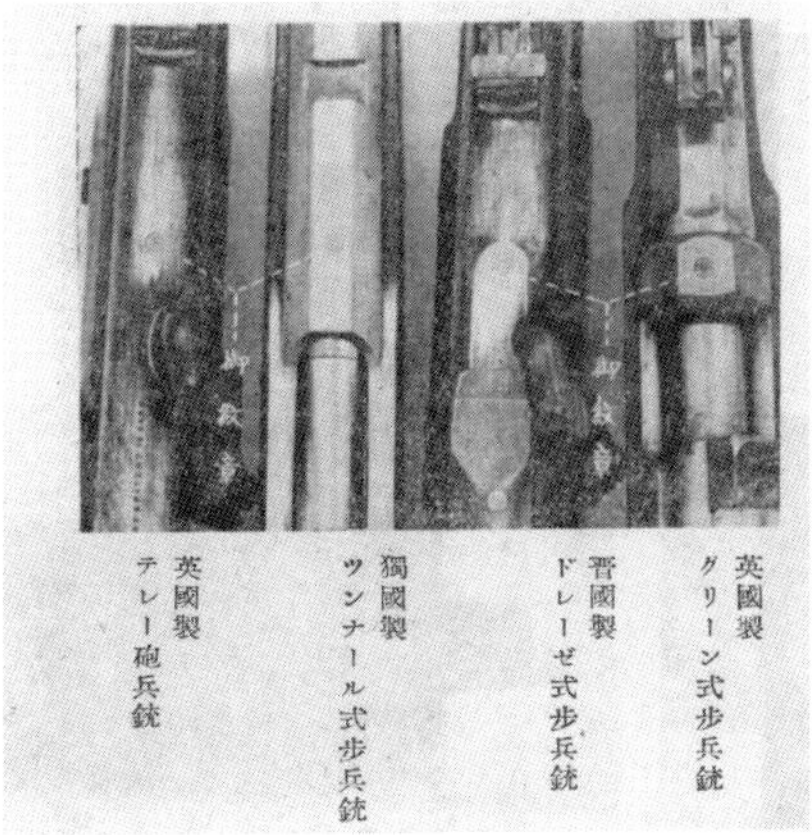

明治５年の時点での輸入小銃に刻印された御紋章刻印の一例。右より英国「グリーン小銃」、ドイツ「ツンナール小銃」、フランス「シャスポー小銃」、英国「テレー騎銃」

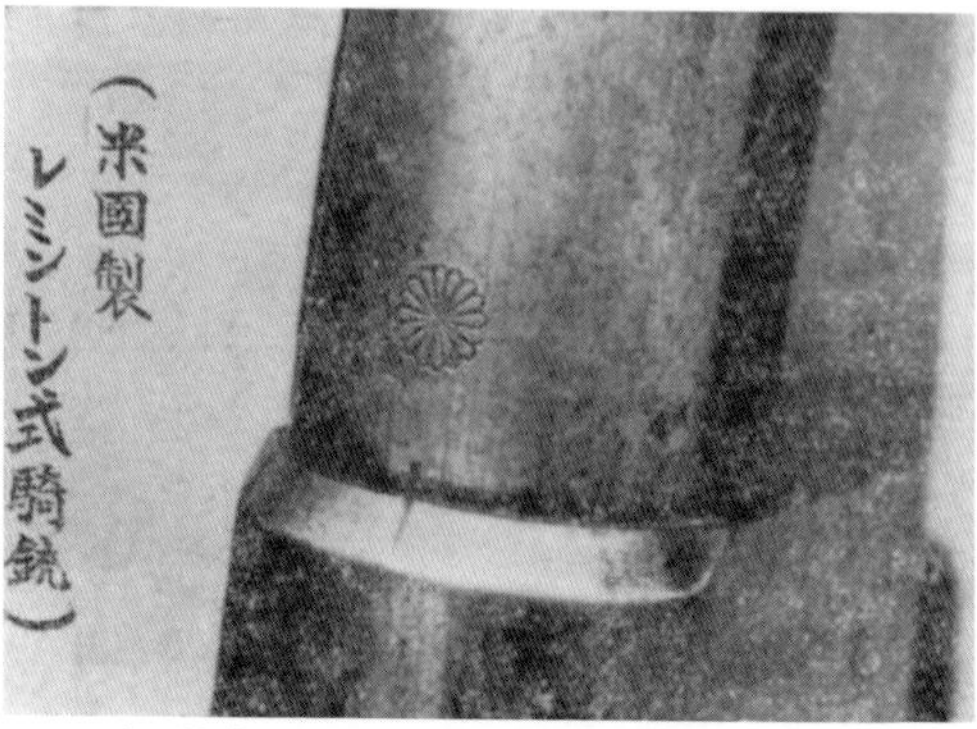

米国製「レミントン騎銃」の銃身に刻印され御紋章

紙図面之通刻印相用云々
明治十三年八月十五日
東京砲兵工廠堤理　陸軍砲兵大佐
関廸教
陸軍卿宛

なお、明治十六年に制定された日本初の制式野砲と山砲である「七糎《せんち》野砲（別名「伊式野砲」）」と「七糎山砲（別名「伊式山砲」）」の砲身には、御紋章の打刻は行なわれなかった。

村田銃弾薬

「村田銃」の弾薬には「実包」「空包」「狭窄射撃実包」「擬製弾」の四種類がある。

「実包」は口径十一ミリの弾頭に、金属製薬莢に黒色火薬を用いる「中心打撃式実包（センターファイアー・カートリッジ）」であった。

「空包」は訓練用の発音用の弾薬であり、実包と同一の薬莢に「黒色火薬」三グラムを挿入したものと、「薄口薬莢」と呼ばれる実包の薬莢底部に発音用の雷管をセットした空砲専用のものの二種類があった。

「狭窄射撃実包」は室内や営庭等の短距離レンジでの射撃訓練に用いる弾薬であり、実包と同一の薬莢に「黒色火薬」〇・四グラムと直径十一ミリの鉛製の円弾が挿入されている。

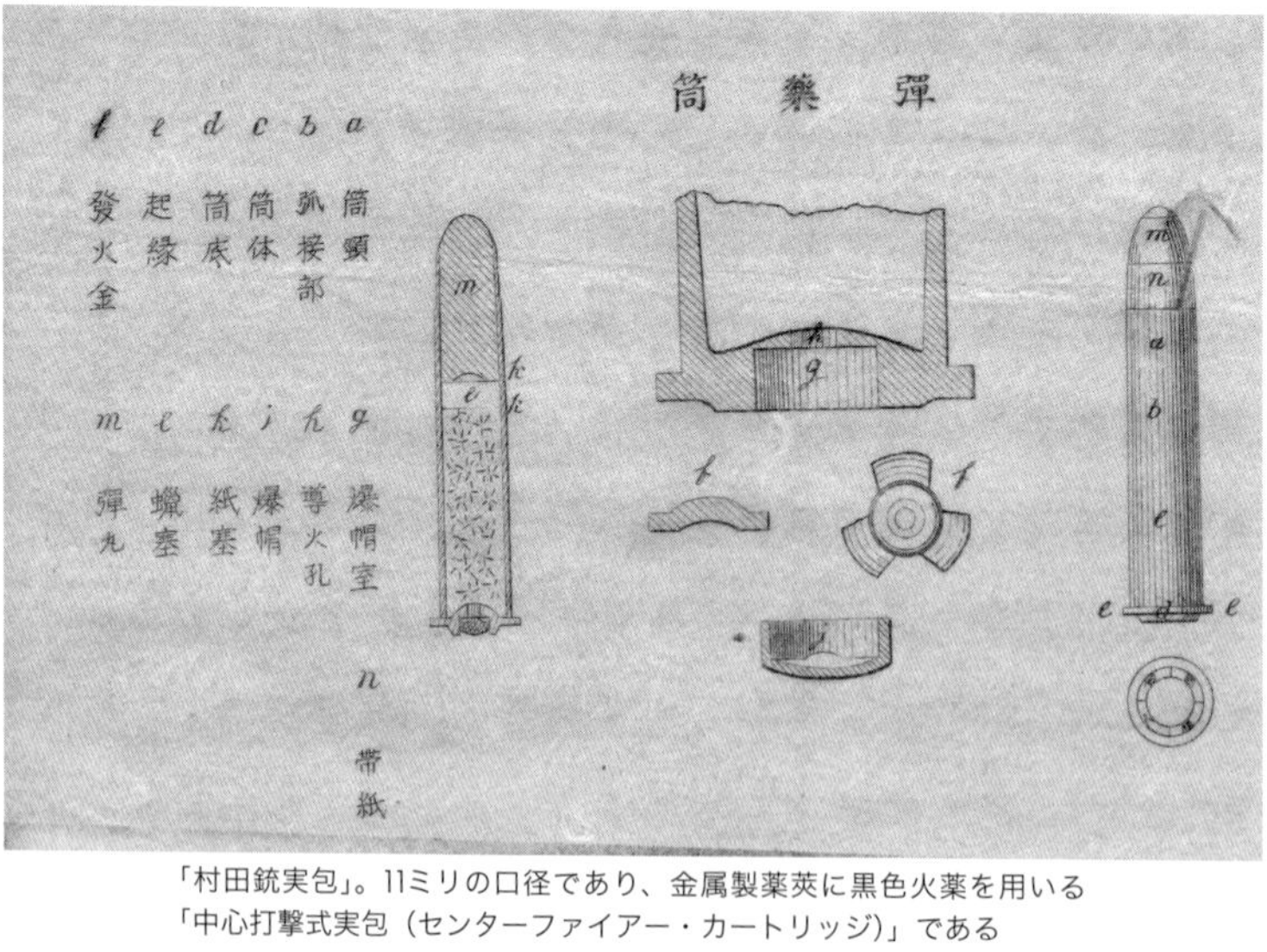

「村田銃実包」。11ミリの口径であり、金属製薬莢に黒色火薬を用いる「中心打撃式実包（センターファイアー・カートリッジ）」である

「擬製弾」は装填訓練用の弾薬であり、火薬は装填されていない。

　実包は首尾を交互に併せてまとめた十発を中性の洋紙で二重に包んでから、「被包紙」と呼ばれる表面に名称・員数・装填年月日が記載された茶洋紙で被包（この作業を「封包」と呼称）してから、固定のために糸で十文字に結束する。

　弾薬箱に収める場合は、まず実包五十発（五被包）を二枚糸で括約（結束）したものを十組作り、続いてこの実包五十発（五被包）を括約した塊二個を二枚糸で括約したもの二組（百発）と、塊三個を二枚糸で括約したもの二組（百五十発）を作る。

　弾薬箱には、この百発と百五十発の括約を各二組の合計四組（合計五百発）を組み合わせて収納して蓋をする。

　なお、各「括約」には弾薬箱よりの取り出しに便利なように、「抽出條」と呼ばれる紐が付けられていた。

・村田銃実包（弾薬）
全長／七七・五ミリ
全重量／四三・三グラム
弾丸重量／二六グラム
火薬重量／五・三グラム
薬筒重量／一二グラム

弾薬盒

戦闘に際して「村田銃」を装備する下士官兵に対して各七十発の弾薬が支給された。

　この七十発のうちの四十発は予備弾薬として各自の「背嚢」内に収め、三十発は「弾《だん》薬《やく》盒《ごう》」に収められた。

「弾薬盒」は黒革製で内部には弾薬の動揺防止のための熊等の動物の皮が貼られており、「帯革《たいかく》」と呼ばれる革ベルトに通して後ろ腰部分に装着して携行し、戦闘時は装填に便利なように右腰前部分に回す。

　また「弾薬盒」の本体左右には、銃の分解に用いる「転螺器《てんらき》」と呼ばれる分解工具と、「油壺（別名「油缶」）」と呼ばれる手入用の「常用鉱油（スパンドルオイル）」を入れた真鍮製のオイルケースを収めるためのポケットが付いていた。

弾薬装填の状況。通常は後腰部分に位置する「弾薬盒」を、弾薬を取り出しやすい右腰前部分に回してから弾薬を装填する

第8話 村田銃②

既存の「村田銃」を改良した「十八年式村田銃」、そして、「十八年式村田銃」の銃身を短くした、日本初の国産騎銃である「村田騎銃」を紹介！

十八年式村田銃

明治十八年になると、既存の「村田銃」を改良した性能向上タイプの小銃が出現する。

これは明治十三年制定の「村田銃」の機関部に小改良を施して、弾丸の初速を向上させるとともに銃床の形状変更と銃身長を短くしたものであり、制式年度を冠して「十八年式村田銃」と呼称された。

この「十八年式村田銃」の制式に併せて、既存の「村田銃」は制式年度をとって「十三年式村田銃」と呼称された。

「村田銃（十三年式村田銃）」の生産は「東京砲兵工廠」で明治十四年一月より開始され、当初は日産二十五挺であり翌十五年より日産五十挺の生産が開始され、「十八年式村田銃」の制式と生産切り替えまでに約六万挺が生産された。

「十八年式村田銃」の生産数は約八万挺である。

「十八年式村田銃」の「銃剣」は「剣身」「剣柄」「鞘」の三部より構成されており、「銃剣」の全長は五十八センチ、剣身長は四十六センチであり、「十三年式村田銃」と同じく銃口部の右側に水平に装着する。

村田騎銃

「村田銃」のバリエーションとして、従来まで使用されていた「スペンセル騎銃」「スタール騎銃」「シャープス騎銃」等の輸入騎銃に替わる初の国産騎

村田銃

	十三年式村田銃	十八年式村田銃
重量	4126グラム（除銃剣） 4868グラム（含銃剣）	4097グラム（除銃剣） 4684グラム（含銃剣）
全長	1287ミリ（除銃剣） 1847ミリ（含銃剣）	1277ミリ（除銃剣） 1737ミリ（含銃剣）
銃剣	全長 71センチ 剣身長 57センチ	全長 58センチ 剣身長 46センチ

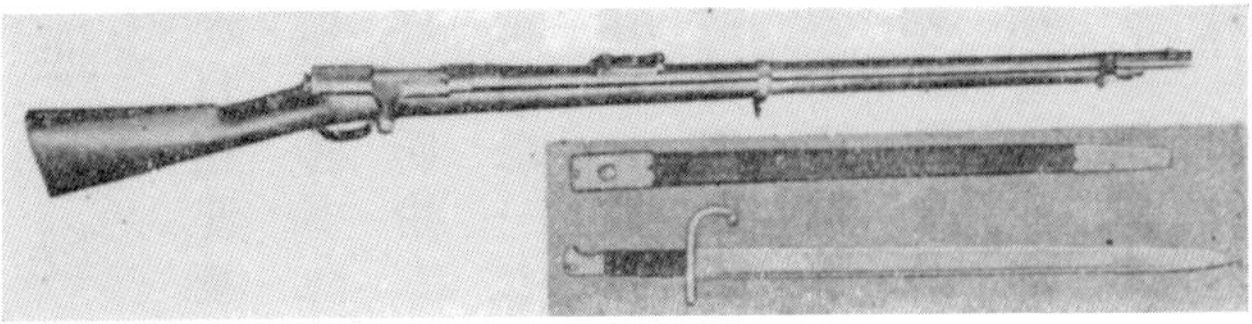

「十八年式村田歩兵銃」と「銃剣」

銃として、「十八年式村田銃」の銃身を短くした「騎兵銃」タイプの小銃に「村田騎銃」がある。

なお、「村田騎銃」は「騎兵」に特化した装備であり、この時期の「砲兵」「輜重兵」等は自衛用として既存の輸入銃である「スペンセル騎銃」「スタール騎銃」「シャープス騎銃」等を暫定的に装備した。

この時期の「騎兵」は装備が二元化しており、乗馬での戦闘である「乗馬戦」の場合の主要兵器は主体がサーベルタイプの「軍刀」であり、補助兵器として将校・下士官が「回転拳銃」を装備しており、「襲撃」と呼ばれる騎兵版突撃に際しては馬上で「軍刀」を抜いての突撃が行なわれたほか、欧米の「軽騎兵」ないし「槍騎兵」を模して馬上で用いる「騎兵槍《きへいそう》」も少数ながら装備されていた。

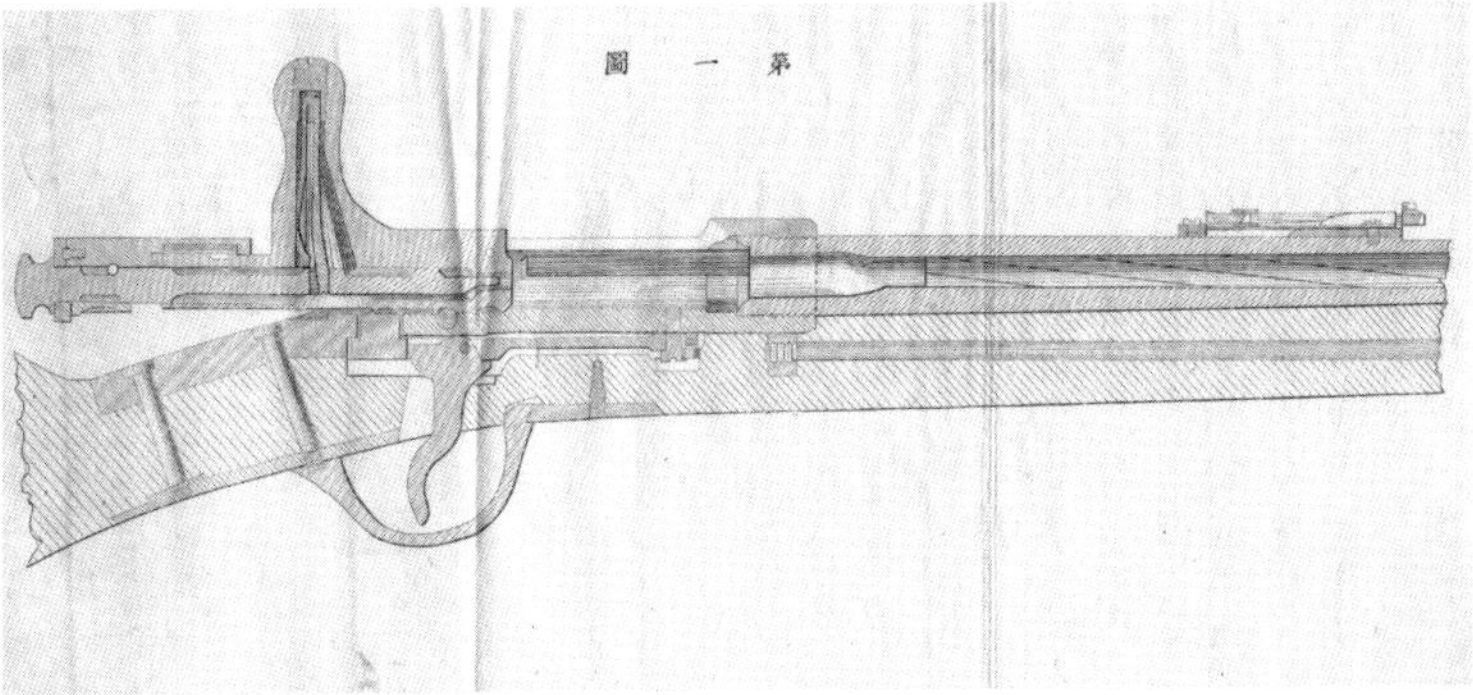

「十八年式村田歩兵銃」の機関部。「十八年式村田歩兵銃」は「十三年式村田歩兵銃」と異なり、分解に際して「遊底」を外す場合は「駐栓」と呼ばれるネジを「転螺器」と呼ばれる分解工具（ネジ回し）で外してから「遊底」を外す

また「騎兵」が馬上ではなく、馬から降りて「歩兵」と同様に徒歩で戦闘を行なう「徒歩戦」の場合は、騎兵の兵卒は「騎銃」と「軍刀」、下士官は「騎銃」と「軍刀」と「拳銃」、将校は「軍刀」と「拳銃」を装備して馬から降りて（これを「下馬《げば》」と呼ぶ）戦闘に従事した。射撃戦闘の場合は「騎銃」と「拳銃」による戦闘を展開して、突撃に際しては「騎銃」を「負革（スリング）」で背中に背負うとともに、「軍刀」を振りかざして突撃を行なう。

なお、将校と下士官が装備していた片手で用いることのできる「拳銃」は「乗馬戦」と「徒歩戦」の両方で用いられた。

「村田騎銃」の操作方法は「十八年式村田銃」と同一であるが、特徴としては国産小銃で初めて安全装置が付けられたことである。

この安全装置は「避害機《ひがいき》」と呼ばれる、「槓桿」の後端にある回転式レバ

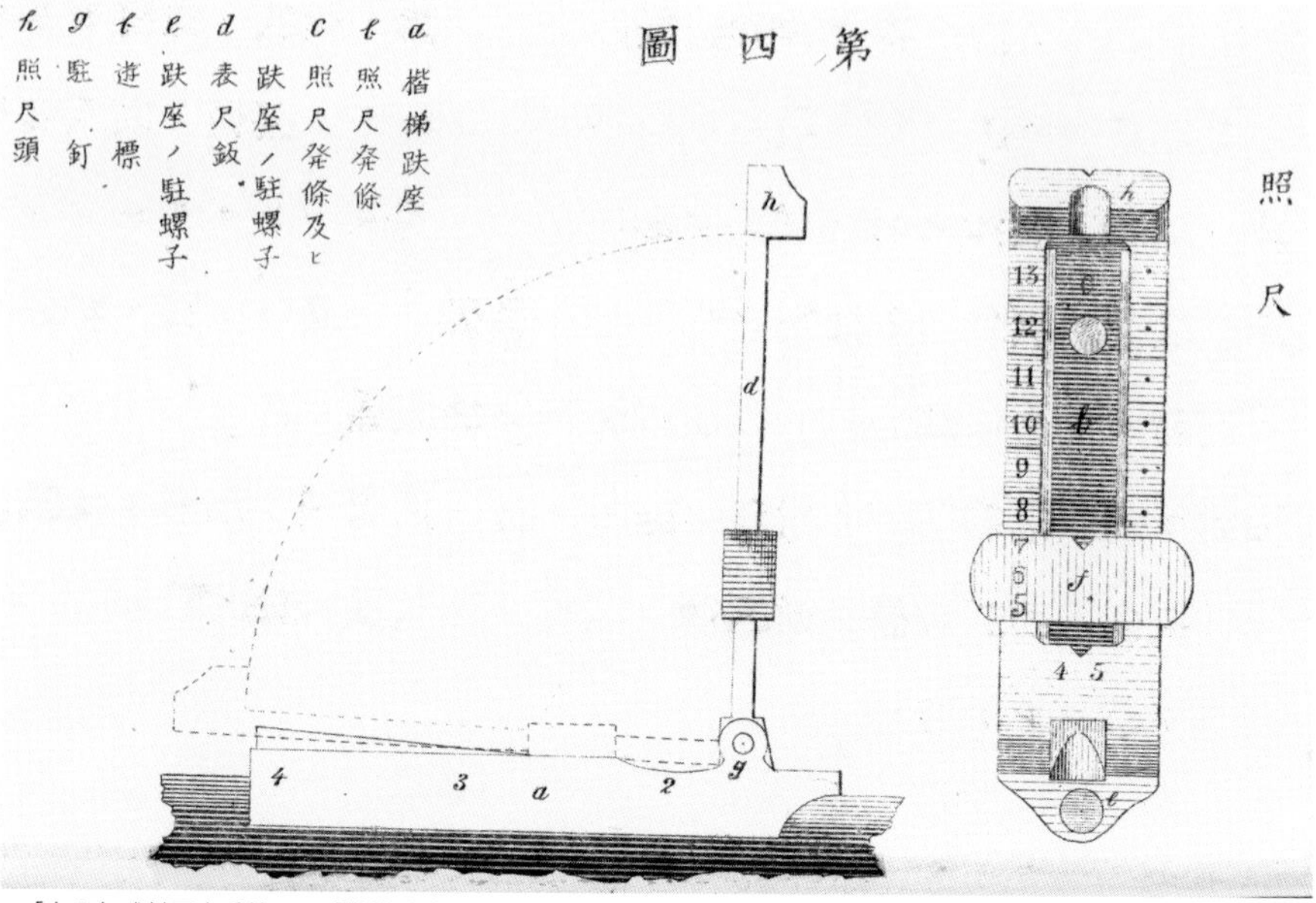

「十八年式村田歩兵銃」の「楷梯鉄座（かいていてつざ）」。「楷梯鉄座」には３段タイプの段差のある「照門」があり、基部側面に打刻された「2」「3」「4」のアラビア数字の目盛に合わせて可動式の「遊標」を前後にスライドさせることで200、300、400メートルの射撃距離を示す。また「楷梯鉄座」内に収まっている起倒式の「表尺鈑」を起こすと、「表尺鈑」の基部は450メートル、上部は1500メートルを示すほか、「表尺鈑」には500〜1400メートルまで50メートル刻みで射撃距離が刻印されていて、「遊標」を上下に動かして射撃距離を規定する

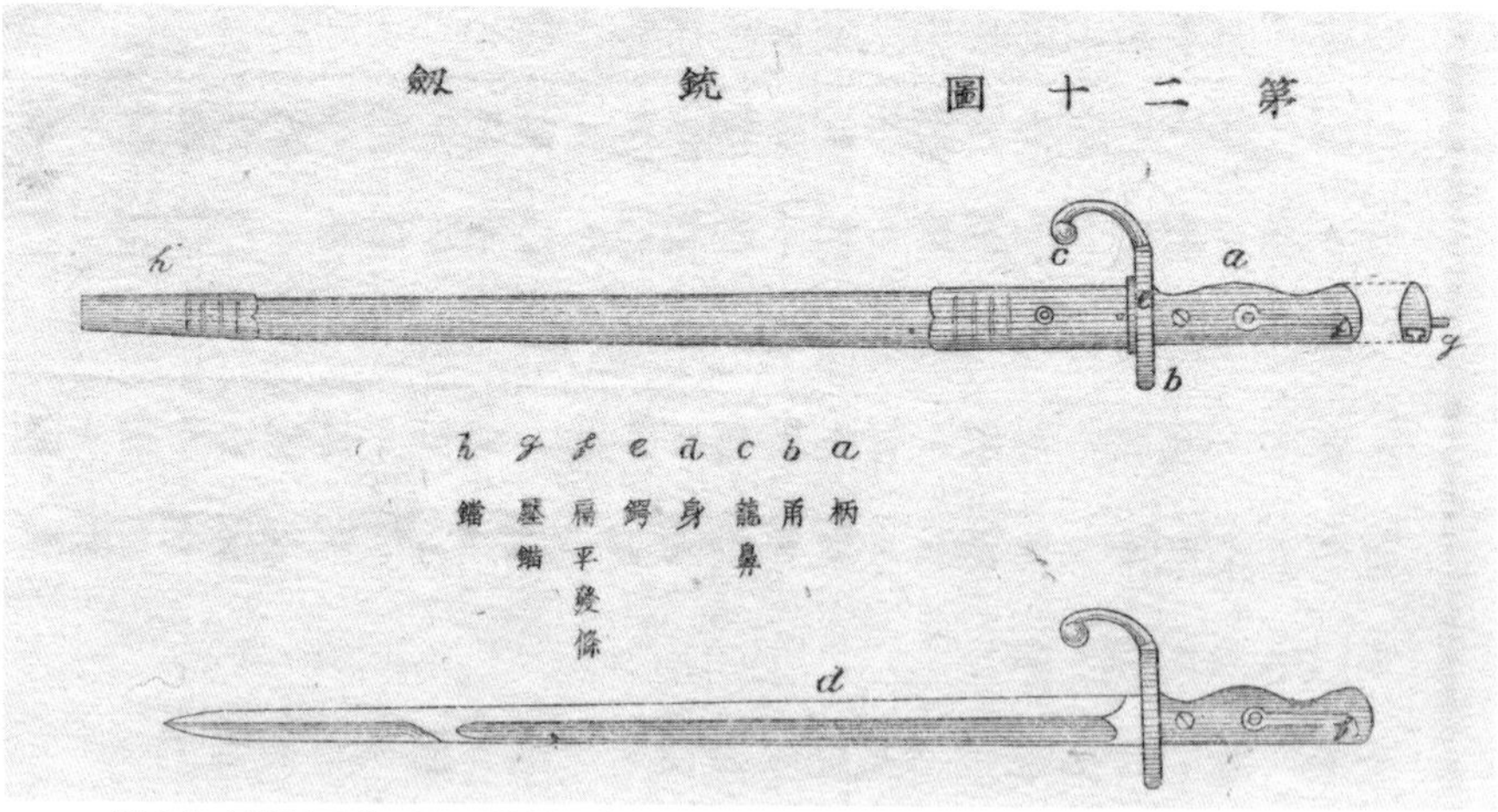

「十八年式村田歩兵銃」用の「銃剣」。「十三年式村田歩兵銃」用の「銃剣」の全長71センチ・剣身長57センチの長さと比較して、全長58センチ・剣身長46センチと全長と剣身長がともに短くなっている

ーであり、弾薬の装填後は右手の母指で右に回してロックする。

　また「村田騎銃」には「銃剣」を装着する「着剣装置」は付随していない。「村田騎銃」の生産数は約一万挺である。

村田銃の呼称

「村田銃」の呼称であるが、明治十三年に「十三年式村田銃」が制定された時点での呼称は、単に『村田銃』ないし『戦用村田銃』であった。

　明治十八年に新型の「十八年式村田銃」が制定された時点で、新旧を区別するために『十三年式村田銃』と『十八年式村田銃』とに呼称の使い分けがはじめられた。

　つづいて「十八年式村田銃」の短銃身モデルの「村田騎銃」が制定されたため、兵器のカテゴリーとして小銃の呼称を「歩兵銃」と「騎銃」に二大別されることとなり、「十三年式村田銃」と「十八年式村田銃」は、『十三年式村田歩兵銃』『十八年式村田歩兵銃』と呼ばれるようになった。

　また、新型の「十八年式村田銃」の制定後は、旧式の「十三年式村田銃」の生産は終了したため、一般部隊では両者を『村田歩兵銃』の総称で呼ぶとともにマニュアル系統は「十八年式村田歩兵銃」の取り扱いを主体としていた。分解・結合等の場合で新旧の違いがある場合は、但書で「十三年式」との相違点を記載していた。

村田銃のマニュアルと射撃方法

マニュアル

「十三年式村田銃」の射撃方法は明治十五年に「陸軍省」が「村田銃取扱法」と呼ばれる専用のマニュアルがあ

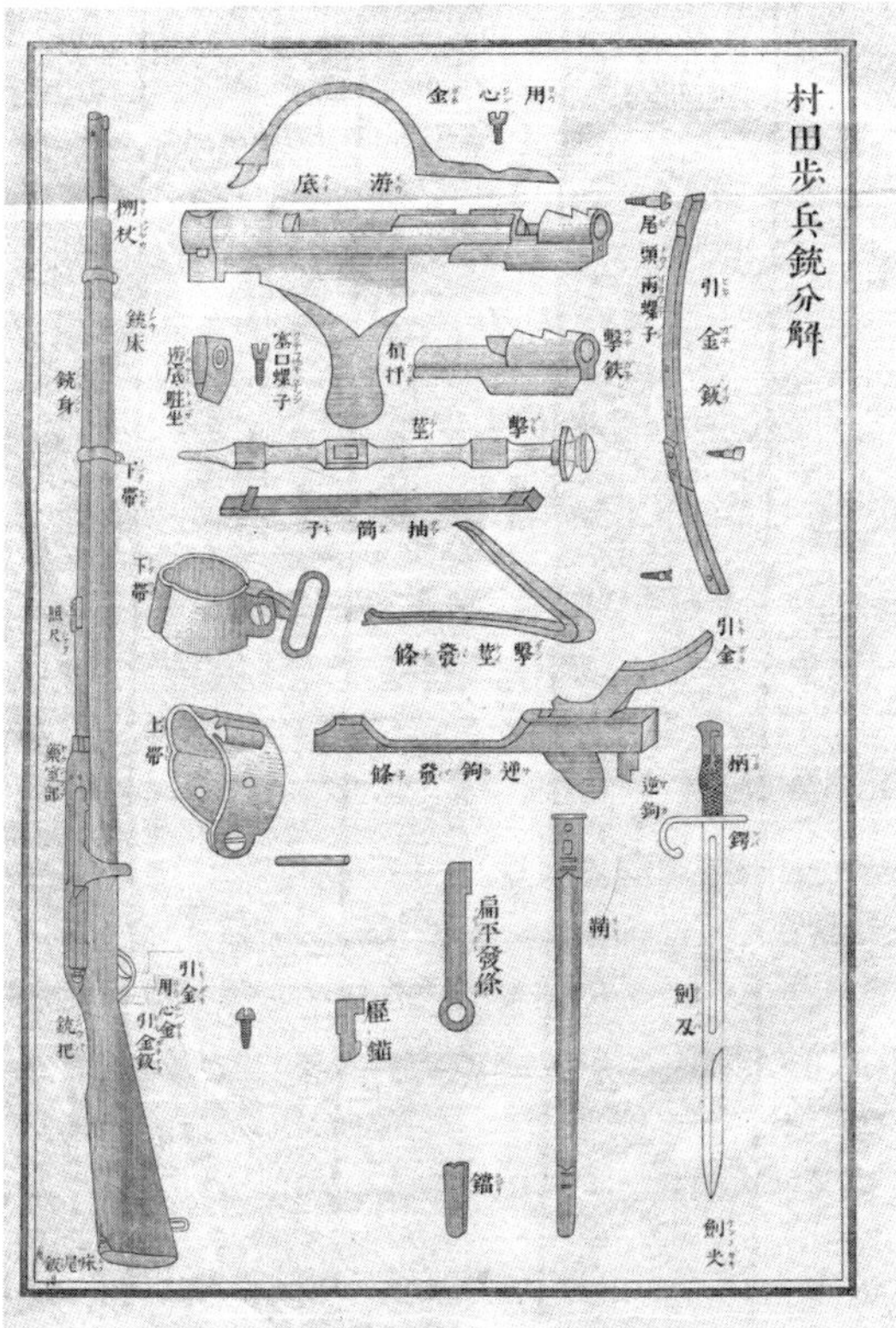

「村田歩兵銃分解」と記されている分解図。銃の呼称が「村田銃」より「村田歩兵銃」へと変わっている

るほかに、各小銃とともに「村田銃取扱心得書」と呼ばれる銃の分解結合と手入方法が示された一枚の簡易取扱説明書が下士官兵卒に配布されている。

この「村田銃取扱心得書」には取扱方法と併せて各小銃の固有番号と「初発命中成績」として「東京砲兵工廠」での二百メートルレンジで五発の実弾射撃試験を行なった際の射撃成績が明記されていた。

歩兵の戦闘マニュアルである「歩兵操典」での「村田銃」の射撃方法であるが、明治十五年の時点で、フランスの「歩兵操典」を翻訳した「明治十五年式歩兵操典」に記される小銃の射撃方法は「一八六六年式シャスポー銃」をベースにした金属薬莢を用いる「一八七四年式グラース銃」と既存の紙製薬莢を用いる「一八六六年式シャスポー銃」が使用小銃として記載されおり、「村田銃」の使用方法はこの「明治十五年式歩兵操典」と「村田銃取扱法」によるものと操典にある射撃姿勢を併用しての教育が行なわれた。

明治二十年に改正された「明治二十年式歩兵操典」と、その四年後に制定の「明治二十四年式歩兵操典」では、使用小銃は「村田歩兵銃」の取り扱いが明記されていた。

また「村田歩兵銃」の射撃理論と構造について明治二十年発行の「明治二十年式射撃教範」に「村田歩兵銃」の詳細が示されたほか、この「明治二十年式射撃教範」の不備を補うかたちで、明治二十二年に「陸軍教導団」が「村田銃取扱法」を発行している。

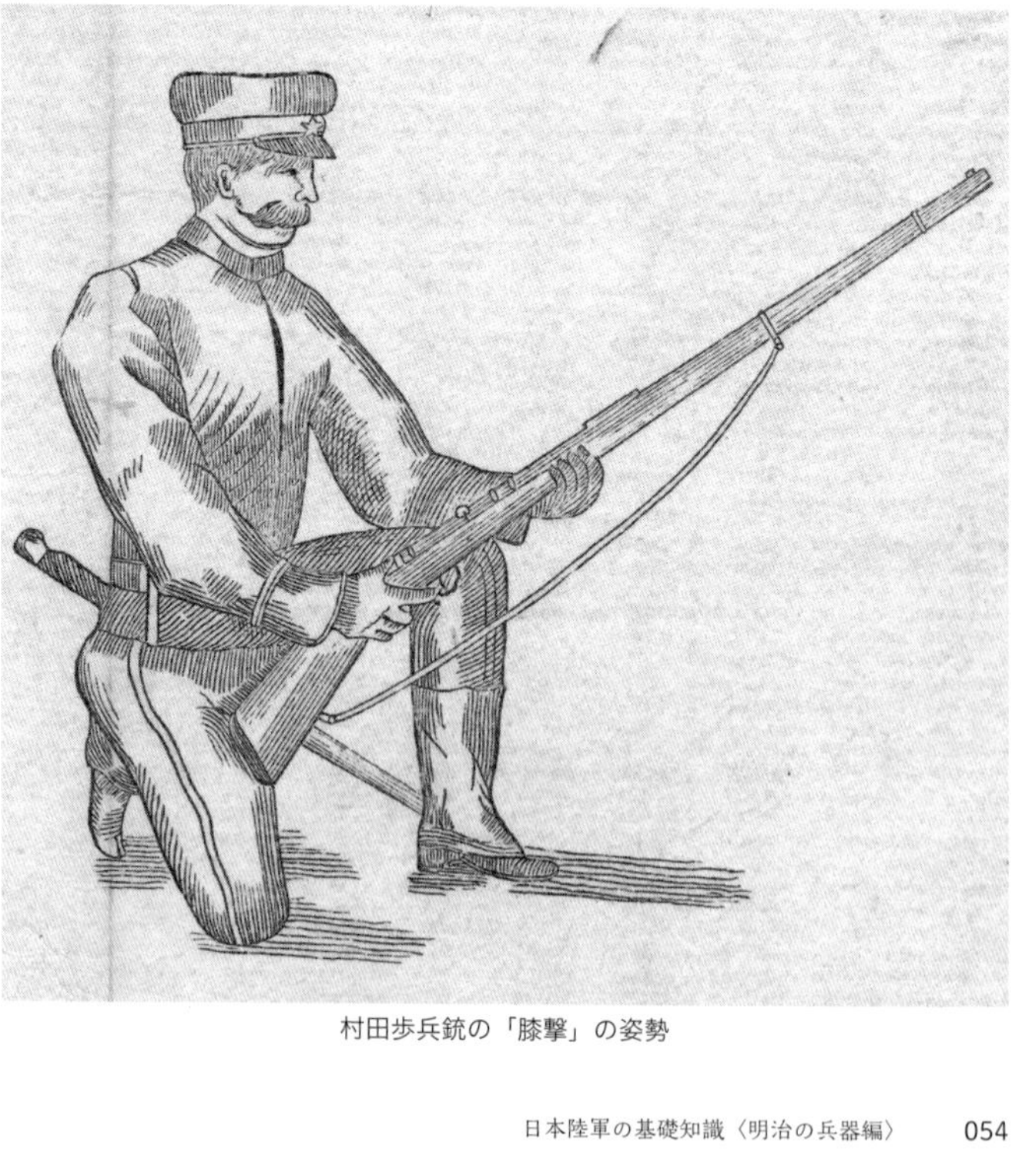
村田歩兵銃の「膝撃」の姿勢

射撃方法

「明治二十年式射撃教範」では、弾薬の装填には「四段装填」と「随意装填」の二パターンが存在した。

「四段装填」は将校ないし下士官の号

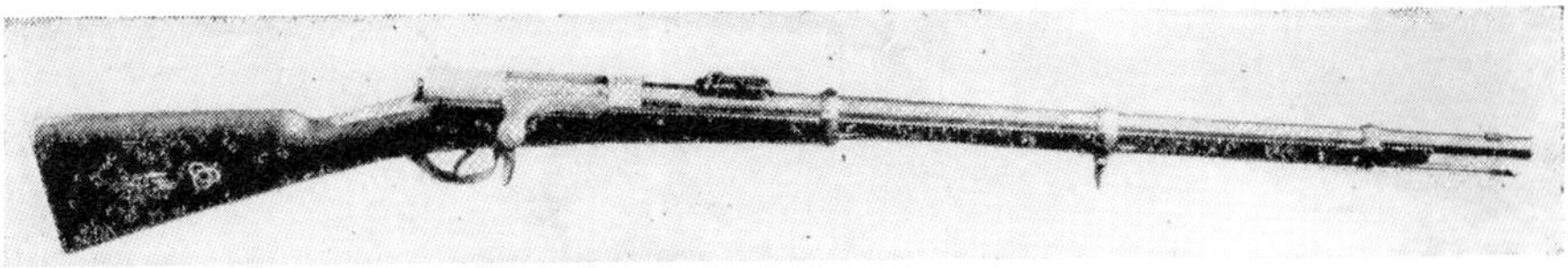

「村田騎銃」。「十八年式村田歩兵銃」の銃身を短くした「騎銃」であり、遊底の後端部分に国産小銃に初めて設置された「避害機」と呼ばれる安全装置が見られる

令に従って小銃手全員が同一の動作を行ないつつ装填する方法で、「槓桿」を操作して弾薬を装填する動作を、予令と動令による号令により四つに区切った装填方法である。

「随意装填」は将校ないし下士官の号令により、その後の装填動作は小銃手全員が動作を合わせることなく前述の「四段装填」と同一の方法を小銃手が個々に行なう装填方法である。

「随意装填」を行なう場合の将校ないし下士官の出す号令は、『適宜込方《てきぎこめかた》』の予令につづいて、動令である『込《こ》め、銃《つつ》』であり、この号令によって小銃手は節度をつけることなく各個に「四段装填」と同一の動作で装填を行なう。

「四段装填」と「随意装填」のいずれの時も「村田歩兵銃」には安全装置が無いため、装填後は射撃まで、「人差指」を「引金（トリガー）」に掛けることなく「用心金（トリガーガード）」に指を添わすよう規定されていた。

「明治二十四年式歩兵操典」では、「四段装填」と「随意装填」の区分が無くなり「随意装填」と同じ装填方法のみとなる。

射撃に際しては、将校ないし下士官の『〇メートル、狙《ねら》え、打《て》、込《こ》め』の号令で、装填後の小銃で指定された射撃距離に照尺を合わせてから、照準・射撃・再装填が行なわれた。なお射撃時の号令は『打（うて）』ではなく『打（て）』であり、これは射手が号令の『う・て』のいずれのタイミングで引金を引くかの混乱を防ぐため『て』の一音のみである。

また「明治二十四年式歩兵操典」では、初めて射撃時に射撃速度が指示されるようになり、分隊以上で号令のもとに一斉に射撃を行なう「一斉射撃」のほかに、部隊射撃として随意に射撃を行なう「並み打ち」と、全力で射撃を行なう「急ぎ打ち」があった。

射撃姿勢には「立射《たちうち》」「膝射《ひざうち》」「伏《ね》射《うち》」の三つがある。

「立射」は射撃の基本である立った姿勢での射撃である。

「膝射」は「折敷」と呼ばれる片膝をついた姿勢である、左膝を立てて右ひざを下に折る形で座る射撃姿勢である。この「膝射」の姿勢は後に右膝を胡坐《あぐら》をかくように右側面に折る日本独自の射撃姿勢へと改められる。

「伏射」は俯せに伏せて行なう射撃姿勢であり、体の動揺が少ないため三つの射撃姿勢のうちで一番の命中率があった。

日露戦争後に撮影された「輜重兵第四大隊」の「二等卒」。「村田騎銃」を装備して自衛戦闘の訓練時の１枚である

日露戦争時に撮影の騎兵の１枚。騎兵用の「三十二年式軍刀-甲」を装備して、背中に「三十年式騎銃」を背負っている。写真撮影のため「軍刀」の「鞘」は、鞍の右側に装着せずに左腰より吊っている

八年式騎銃」の制定後も、構造が単純で操作が容易な「村田騎銃」は
、布を収めた「練脂器」と呼ばれる楕円形のブリキケースが見られる

明治末期に「輜重兵大隊」内で整備中の「村田騎銃」。「三十年式騎銃」
「輜重輸卒」の自衛火器として使用がつづけられた。卓上には、油を浸し

師団編成と連発銃

「師団」への日本陸軍の近代改正状況及び、輪胴弾倉式、床尾弾倉式、前床弾倉式、そして尾筒弾倉式で構成された連発銃を紹介！

第9話

師団編成の開始

明治二十一年になると既存の「鎮台条例」が廃止され、「師団司令部条令」が公布された。

これにより国土防衛を主体とした既存の「鎮台」は「師団」へと改編されて、新たに外征が可能な「近衛師団」と「第一師団」「第二師団」「第三師団」「第四師団」「第五師団」「第六師団」の合計七個師団が編制された。

師団の編成は指揮機関である「師団司令部（師団長は中将）」の隷下に「歩兵旅団」二個と、捜索と機動戦等を行なう「騎兵聯隊」、火砲を用いる「野戦砲兵聯隊」、構築や架橋等を行なう「工兵大隊」、輸送任務の「輜重兵大隊」があり、「歩兵旅団」は指揮機関の「旅団司令部（旅団長は少将）」の隷下に二個の「歩兵聯隊」を擁していた。

「歩兵聯隊」は指揮機関である「聯隊本部（聯隊長は大佐）」の隷下に、「歩兵大隊」三個を擁しており、各「歩兵大隊（大隊長は少佐）」は「大隊本部」と四個「歩兵中隊」より編成されていた。

師団編成　明治21年

師団司令部	
歩兵旅団	旅団司令部
	歩兵聯隊
	歩兵聯隊
歩兵旅団	旅団司令部
	歩兵聯隊
	歩兵聯隊
騎兵聯隊	
野戦砲兵聯隊	
工兵大隊	
輜重兵大隊	

歩兵聯隊平時編成　明治24年

区　分		人員（名）	
聯隊本部			43
第一大隊	大隊本部	13	641
	第一中隊	157	
	第二中隊	157	
	第三中隊	157	
	第四中隊	157	
第二大隊	大隊本部	13	641
	第五中隊	157	
	第六中隊	157	
	第七中隊	157	
	第八中隊	157	
第三大隊	大隊本部	13	641
	第九中隊	157	
	第十中隊	157	
	第十一中隊	157	
	第十二中隊	157	
合　計			1966

明治二十年制定の「明治二十年式歩兵操典」に替わり明治二十四年に制定された「明治二十四年式歩兵操典」の時期の「歩兵中隊」の平時編成は、「中隊長（大尉）」以下百五十七名の将兵で構成され、指揮機関である「中隊本部」と「歩兵小隊」三個より編成されており、従来の「歩兵小隊」隷下に二隊が設けられた「半小隊」は廃止された。

「中隊本部」付の四名の中尉と少尉のうちの三名は小隊長を務め、「特務曹長」は中隊長の補佐をするほかに戦時に際しては「中隊本部」の要員で「指揮班」を編成した。

下士官の「軍曹」のうちの一名は中隊本部付の給養係となるほか、「兵卒」のうちの最低で四名は「喇叭《らっぱ》手」を努めるとともに、「一等卒」と「二等卒」のうち最低でも一名は銃器修理にあたる「銃工」、最低で各二名ずつ被服修理の「縫工」と靴や皮具の補修にあたる「靴工」を置いたほか、編成の定数外として毎年六名の「士官候補生」を預かった。

歩兵中隊平時編成　明治24年

区　分	詳　細	人　数
将　校	大尉（中隊長）	1
	中尉	2
	少尉	2
准士官	特務曹長	1
下士官	曹長	1
	一等軍曹	5
	二等軍曹	5
兵　卒	上等兵	18
	一等卒	42
	二等卒	79
	看護手	1

連発銃の趨勢

日本初の制式国産小銃である、単発式の「十三年式村田歩兵銃」の制定とその改良型の「十八年式村田歩兵銃」の制定直後の世界列強の小銃の趨勢は、その主力が「単発銃」より複数の弾薬を装填して連発射撃が可能な「連発銃」へと移行しており、この流れを受けて国産連発銃の本格的開発が明治十八年より開始された。

この時期の列強の用いる「連発銃」は弾倉の形態により、「輪胴《りんどう》弾倉式連発銃」「床尾《しょうび》弾倉式連発銃」「前床《ぜんしょう》 弾倉式連発銃」「尾筒《びとう》弾倉式連発銃」の四パターンに分類されていた。

また既存の「単発銃」に改造を施して「連発銃」にしたものや、発射速度の向上を図った銃もあり、一例を示せばフランスの「グラース銃（「仏国一八七四年式小銃」）」の機関部に自重落下式十連発の「自働連発用装脱弾倉」を組み込んで連発銃に改造した「グラース一八八三年式連発銃」や、「マルチニー銃」の機関部右端に八発の弾薬を差し込んだ「弾薬包保持器」と呼ばれる弾薬ホルダーを装着して速射性能の向上を図った「プロビテンス・ツールコンパニー」等があげられる。

以下に「輪胴《りんどう》弾倉式連発銃」「床尾《しょうび》弾倉式連発銃」「前床《ぜんしょう》 弾倉式連発銃」「尾筒《びとう》弾倉式連発銃」の四パターンの銃を示す。

・連発銃分類

輪胴弾倉式連発銃

床尾弾倉式連発銃
前床弾倉式連発銃
尾筒弾倉式連発銃

輪胴弾倉式連発銃

「輪胴弾倉式連発銃」は、小銃の機関部に「輪胴拳銃（リボルバー）」のように五～八発の「輪胴式弾倉」をもった連発銃であり、「輪胴拳銃」の回転弾倉を応用した連発銃であった。

具体例としては、オーストリアのスピタルスキーが開発した「墺国スピタルスキー輪胴弾倉式連発銃（リボルビングライフル）」があるほか、「米国コルト製銃社」が自社製「コルト輪胴拳銃」をベースに開発した騎銃である「米国コルト一八五五年式輪胴弾倉式連発騎銃（リボルビングカーバイン）」があった。

「輪胴弾倉式連発銃」は、輪胴と銃身間のガスの緊縮不足や重量面や機構の複雑さなどがあり、軍用銃に向くものではなかった。

床尾弾倉式連発銃

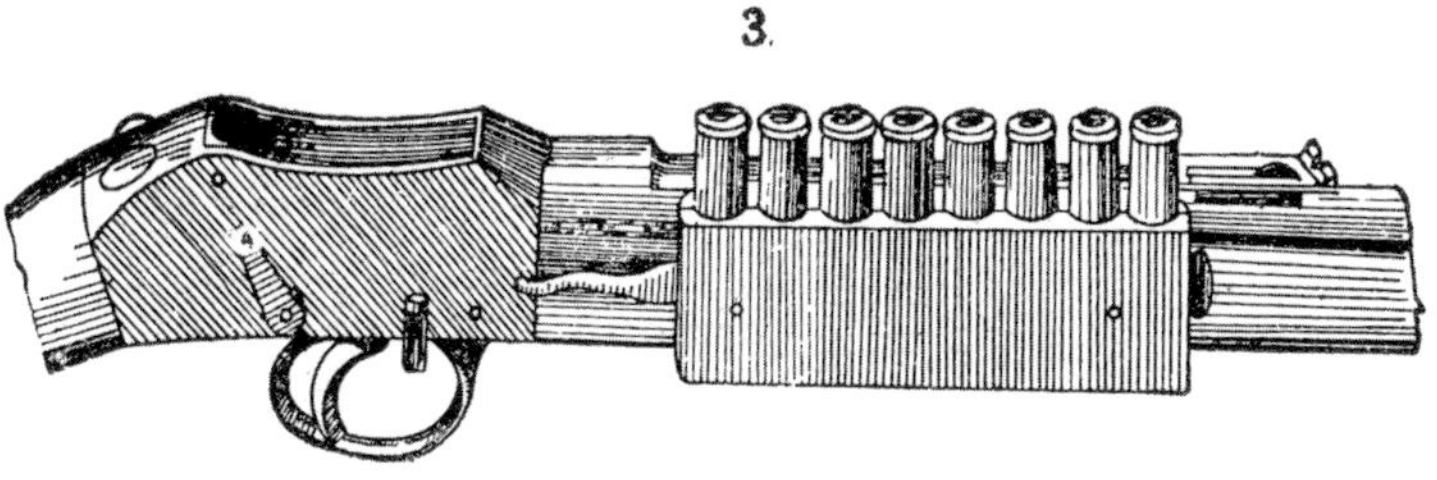

「マルチニー銃」の機関部右端に８発の弾薬を差し込んだ「弾薬包保持器」

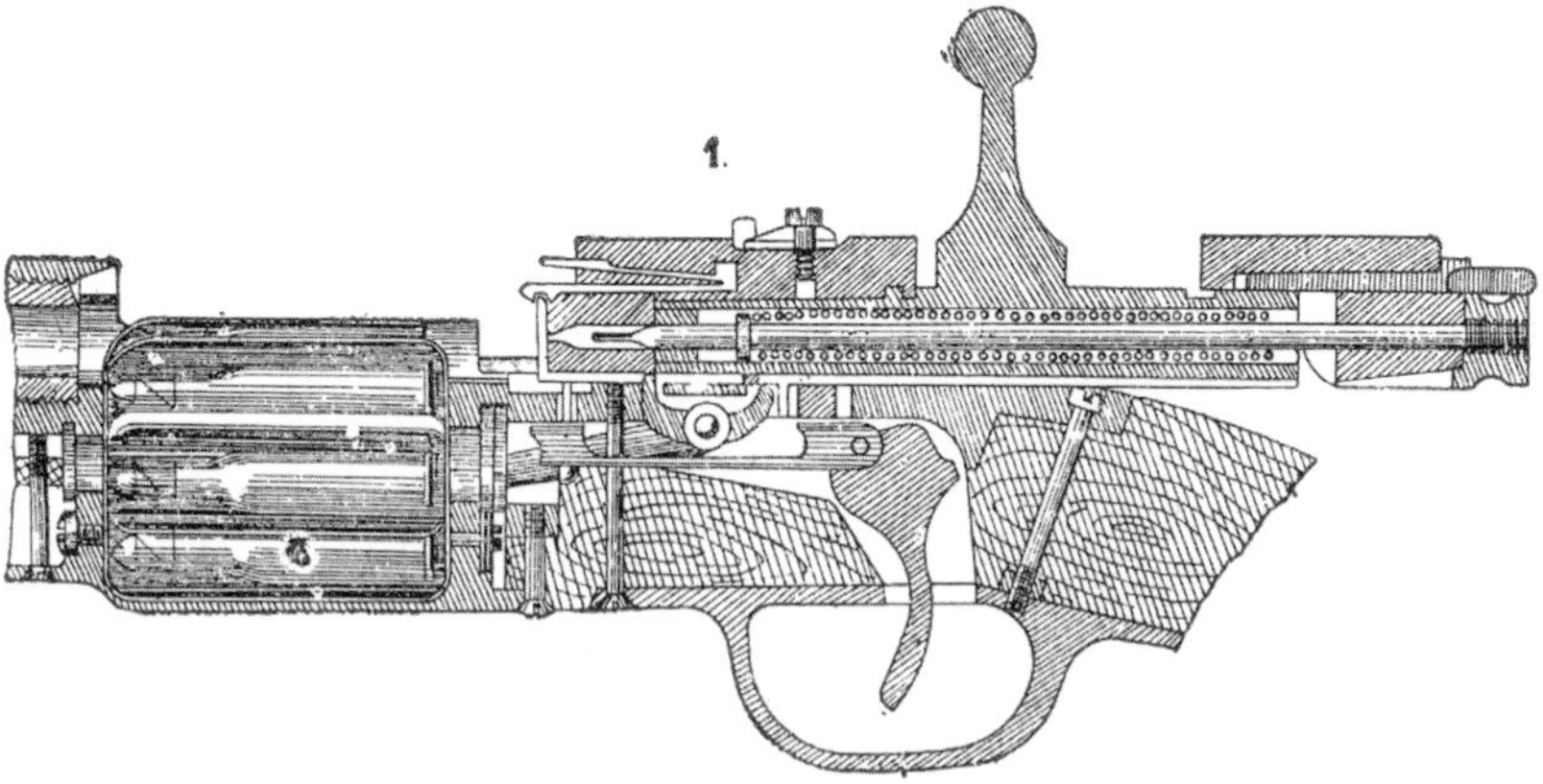

「輪胴弾倉式連発銃」の一例。「墺国スピタルスキー輪胴弾倉式連発銃（リボルビングライフル）」

「床尾弾倉式連発銃」は、「銃床（ストック）」内に弾倉を設置したタイプの連発銃であり、古くは日本にも幕末期より輸入された「底碪《ていがん》式」の射撃機構を持つ「スペンセル銃」が挙げられる。

一八七三年に米国の「オーレン・エバンス」が開発した銃床内に脱着式の「螺旋筒状弾倉（ヘリカルマガジン）」を持つ「エバンス一八七三年式連発銃」は、「底碪式」の射撃機構で三十四連発の「螺旋筒状弾倉」を持っていた。

また、米国の「ベンジャミン・バルクルリ・ホチキス」がフランスへ移住後の一八六七年以降の晩年（一八八五年没）に開発した「ホチキス式連発銃」は、「銃床」内にある「筒状弾倉」と「回転鎖閂式」の射撃機構を組み合わせたものであった。

この「床尾弾倉式連発銃」の

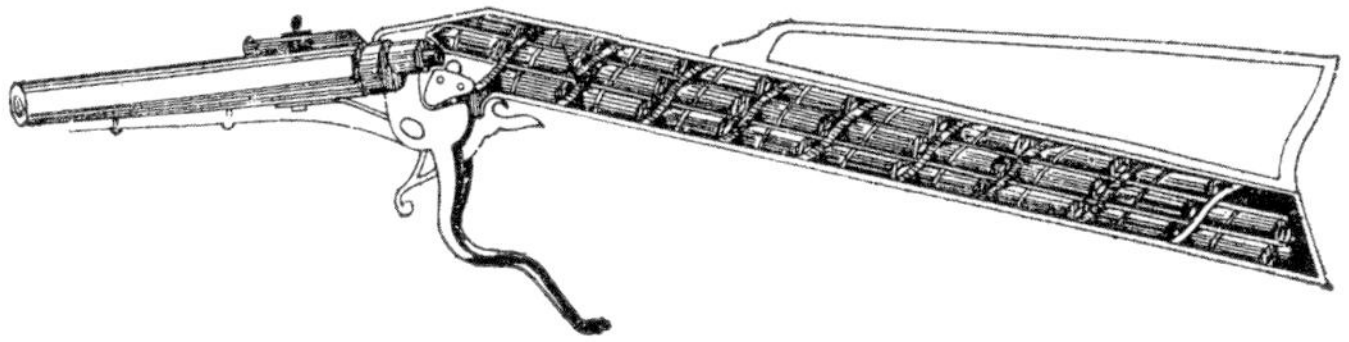

「床尾弾倉式連発銃」の一例。「エバンス一八七三年式連発銃」

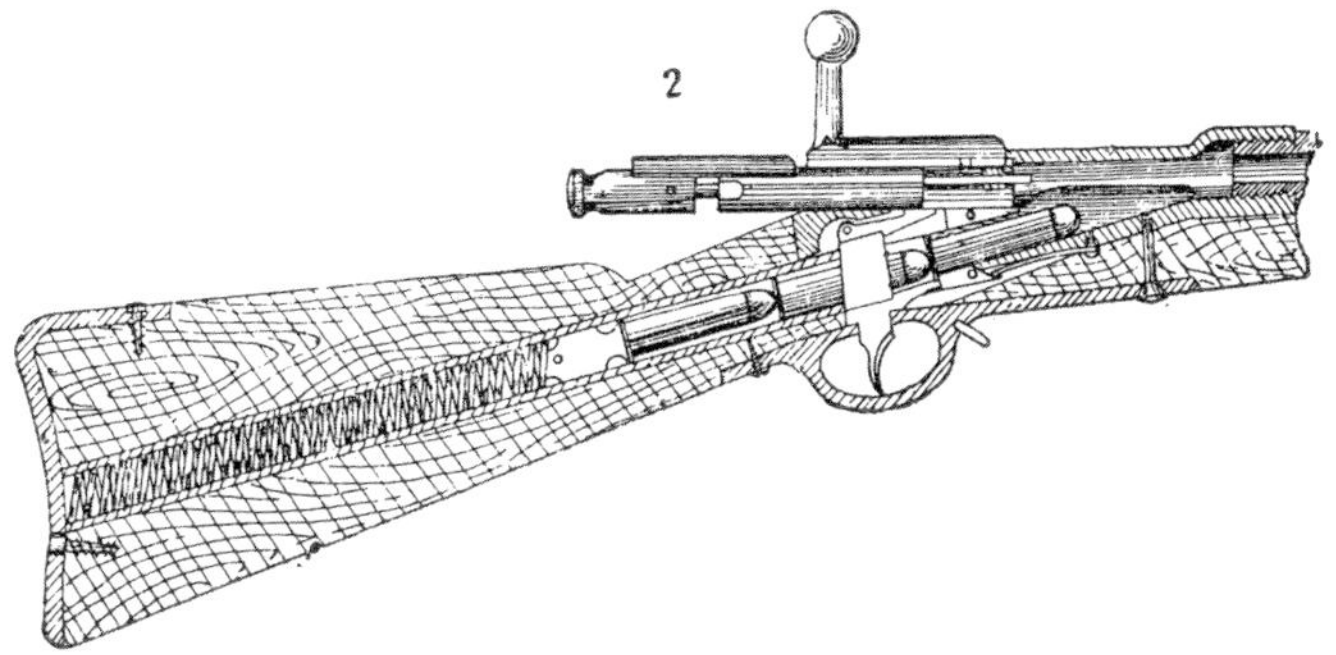

「床尾弾倉式連発銃」の一例。「ホチキス式連発銃」

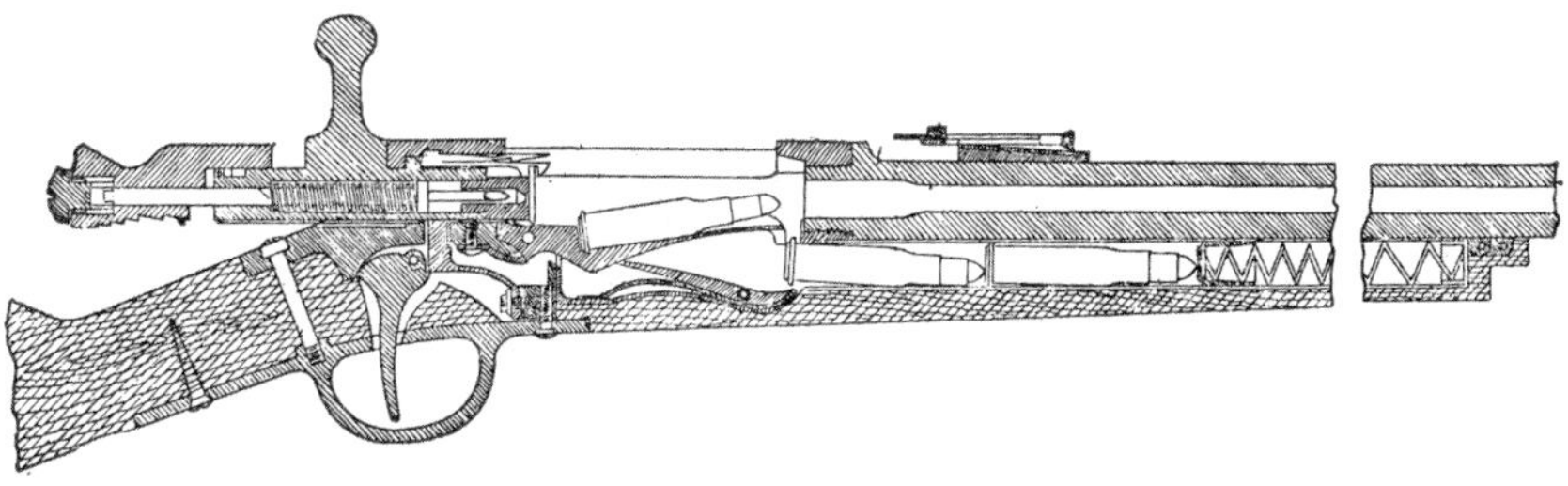

「前床弾倉式連発銃」の一例。「墺国ステアー一八八六年式小銃」

欠点としては、「銃床」内部を穿孔するために「銃床」が脆弱となる可能性が強く、また連続射撃にともなう弾薬の移動による重心の変化が挙げられた。

前床弾倉式連発銃

「前床弾倉式連発銃」は、銃身下部に「筒状弾倉（チューブマガジン）」を持つ連発銃であり、射撃機構により「直動鎖閂式」と「回転鎖閂式」の二タイプが存在した。

「直動鎖閂式」タイプの連発銃の最初の量産モデルは、米国「ニューヘブン製銃社」の十六連発式「ヘンリー一八六〇年式連発銃」であり「南北戦争」で用いられほか、ごく少数が日本にも輸入された。

後の一八六六年になると「ニューヘブン製銃社」は「ウインチェスター製銃社」に改編されて、新モデルとして改良型の「ウインチェスター一八六六年式連発銃」が発売され、さらに一八七三年には弾薬を従来の「辺縁打撃式実包」より「中心打撃式実包」へと変更した「ウインチェスター一八七三年式連発銃」が登場する。

この「ウインチェスター一八六六年式連発銃」と「ウインチェスター一八七三年式連発銃」は、一八七七年の「露土戦争」で「トルコ軍」で使用された。

「回転鎖閂式」では、ドイツの単発式「独国モーゼル一八七一年式小銃」を改良した「独国モーゼル一八八四年式小銃」、オーストリアの「クロパディック」が開発した八連発式「墺国ステアー一八八六年式小銃」、フランスの八連発式「仏国レベル型一八八六年式小銃」、スイスの十二連発式「瑞国ウヒテルリー

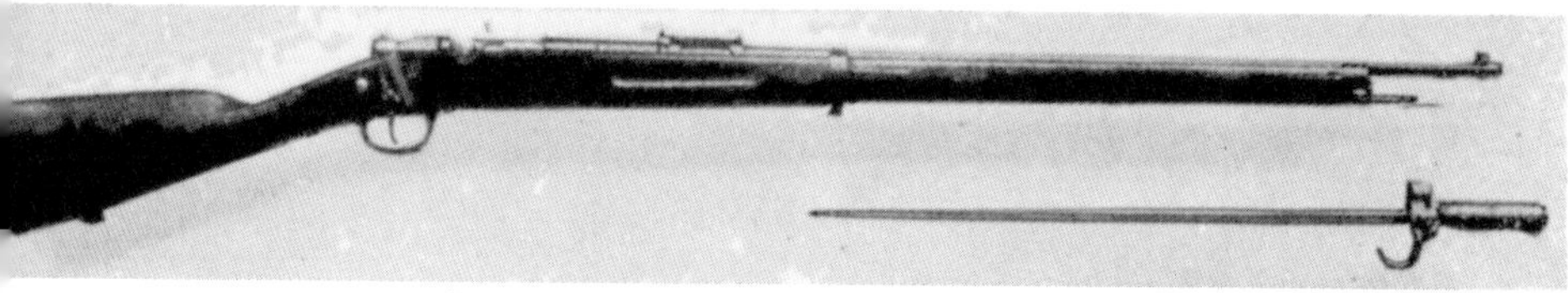

「前床弾倉式連発銃」の一例。「仏国レベル型一八八六年式小銃」

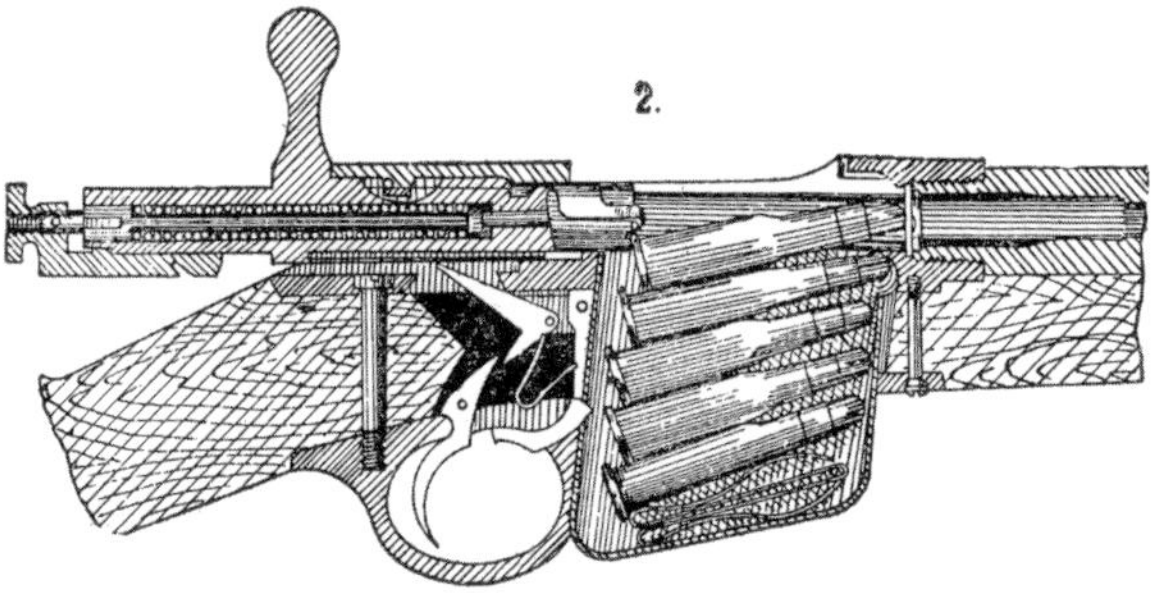

「尾筒弾倉式連発銃」の一例。「英国リー・メットフォード一八八八年式小銃」の最大の特徴は、固定弾倉に対しての「挿弾子」による装弾ではなく、脱着式の「弾倉」による給弾システムを採用したことである。「弾倉」の装弾数は初期は８発で、後に10発に改良された

型一八八一年式連発銃」等があった。

「前床弾倉式連発銃」の欠点は、連発性能に背反して再装填に際しての時間がかかり過ぎることと、連続射撃の継続につれて弾薬の減少にともなう銃の重心移動による射撃性能の不安定が挙げられた。

なお「前床弾倉式連発銃」の弾薬は「筒状弾倉」の筒内での弾薬同士の弾頭先端部と薬莢底部の雷管の衝突による暴発を防ぐために、弾頭頭部は平坦ないし円形となっている。

尾筒弾倉式連発銃

「尾筒弾倉式連発銃」は、「回転鎖閂式」の機関部に対して「挿弾子」と呼ばれる三〜六発の弾薬をクリップ状の金具で収束したものを用いて、小銃の機関部にある弾倉に正確かつ迅速に装填するシステムを持つ小銃である。

ドイツの「独国一八八八年式小銃」とその改良型の「独国一八九八年式小銃」、英国の「英国リー・メットフォード一八八八年式小銃」、オーストリアの「マンリッヘル一八八六年式小銃」等があった。

後に「尾筒弾倉式連発銃」は、速射が可能な「回転鎖閂式」の射撃機構と、「挿弾子」による迅速な給弾性能点から四パターンの連発銃の中で主流となり、世界列強で広く用いられるようになる。

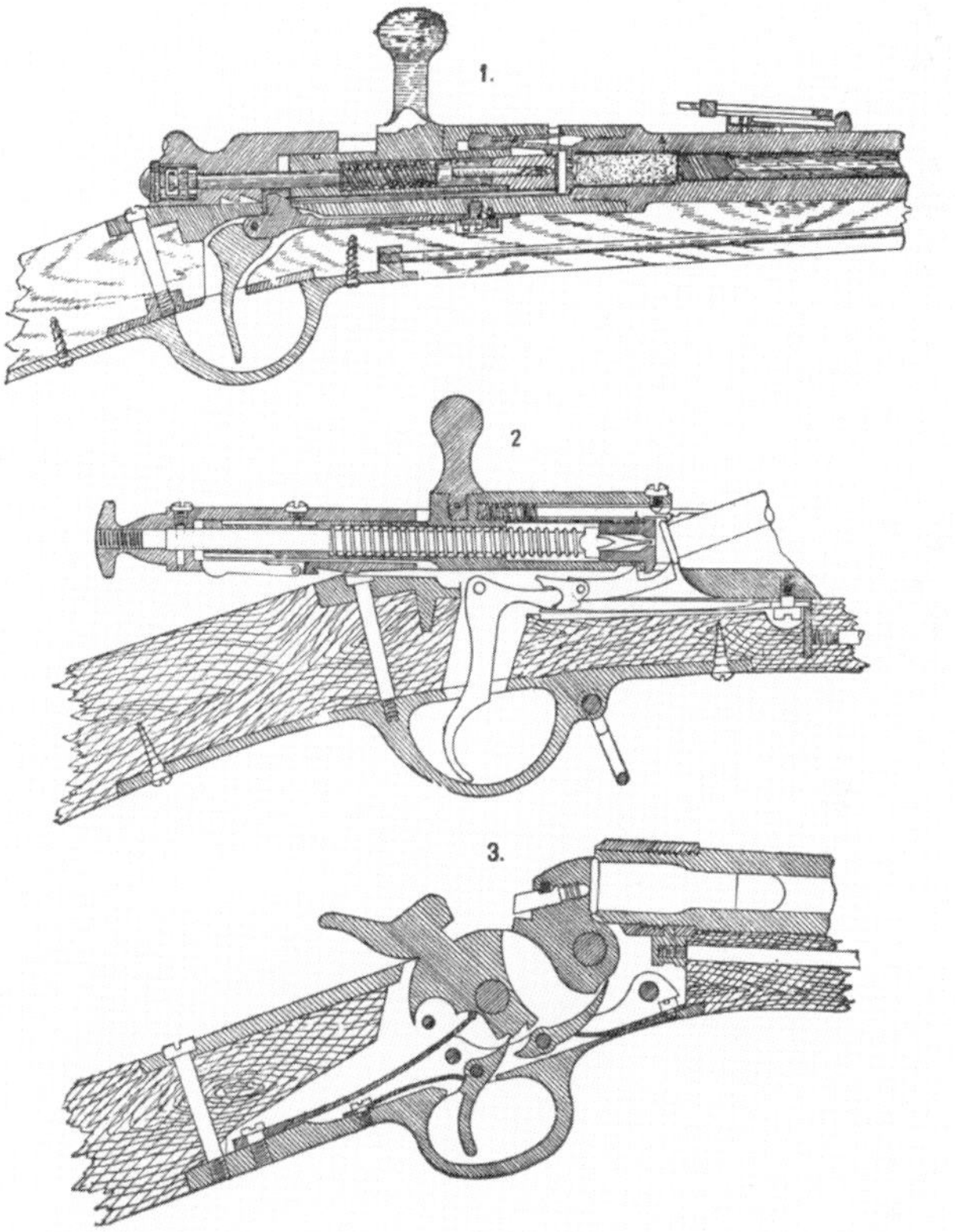

各種「連発銃」の開発と併せて、「単発銃」でも様々な工夫により発射速度の向上が図られていた。上は「仏国グラース型一八七四年式小銃」で、「仏国シャスポー型一八六六年式小銃」をベースにして使用弾薬を「紙製薬莢」から「金属製薬莢」にしたものである。中は「露国ベルダン型一八七一年式小銃」で、「露国モシンナガン型一八九一年式小銃」の制定以前のロシア陸軍の基幹小銃であった。下は「米国レミントン製銃社製一八六七年式小銃」であり、北欧各国の陸軍や清国陸軍で多用されていた

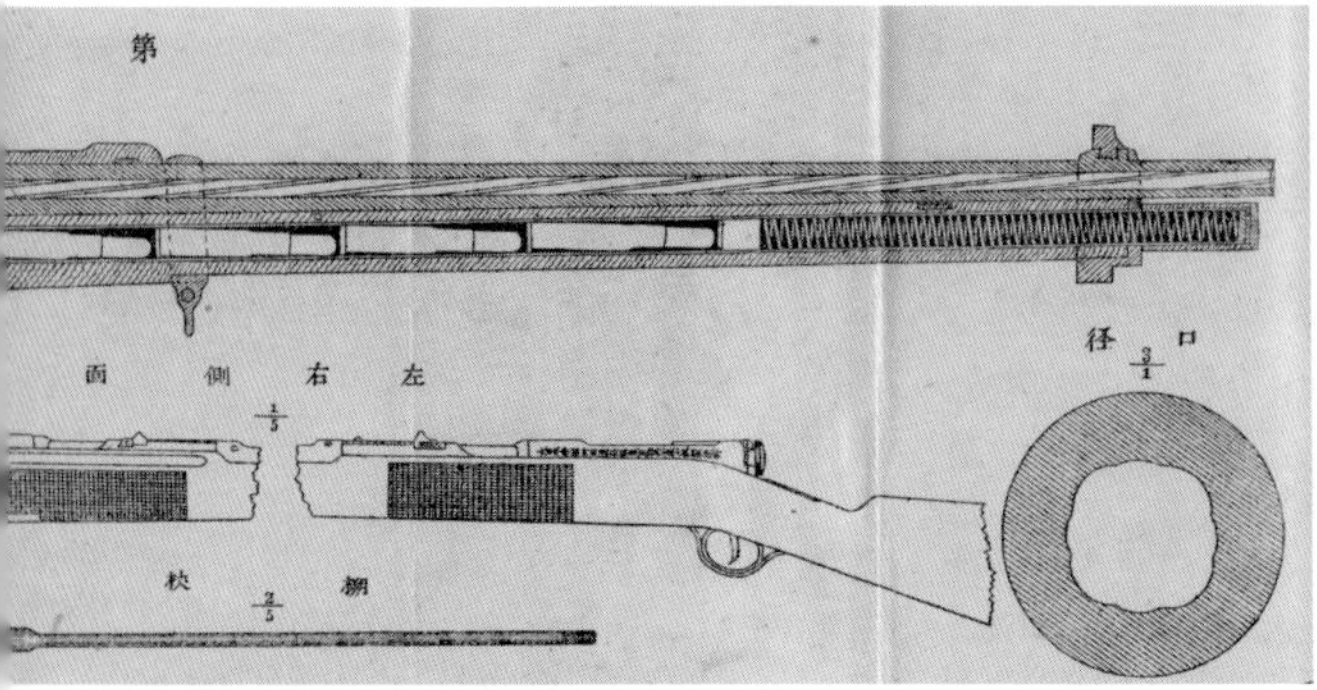

(はんとうひじくてんぱ)」と呼ばれるレ
り替えることが可能であった

村田連発銃

世界列強の趨勢（連発銃が主力）に合わせて開発された、初の国産連発銃である「二十二年式村田連発銃」及び、同銃の騎兵用である「村田連発騎銃」を紹介！

第10話

二十二年式村田連発銃

単発式の「十八年式村田歩兵銃」の制定直後の、世界列強の所有銃の趨勢はその主力が連発銃へと移行しており、この流れを受けて日本では国産連発銃の本格的開発が明治十八年より開始された。

もともと日本に輸入されていた「スペンセル銃」等の少数種の連発銃は存在したものの、新たに開発を開始した連発銃は射撃機構として既存の「直動鎖《さ》閂《さん》式（レバーアクション）」に替わり速射性能に優れた「回転鎖《さ》閂《さん》式（ボルトアクション）」を備えたタイプとされて、弾薬も既存の黒色火薬に替わる高性能な無煙火薬を用いるとともに、弾倉は「筒状弾倉（チューブマガジン）」を銃身下の銃床内に収めた「前床弾倉式連発銃」と、銃機関部に収めた「尾筒弾倉式連発銃」の二タイプが試作され、合計して二系統八種類の試作銃が発明されている。

この連発銃の開発には、列強各国が自国の連発銃を最新式の秘密兵器として厳重に隠匿する中での情報とサンプルの収集より始まり、そのなかでスイスの「ウヒテルリー一八八一年式連発銃（前床弾倉式）」、オーストリア「ステアー一八八六年式小銃（前床弾倉式）」、フランスの「レベル一八八六年

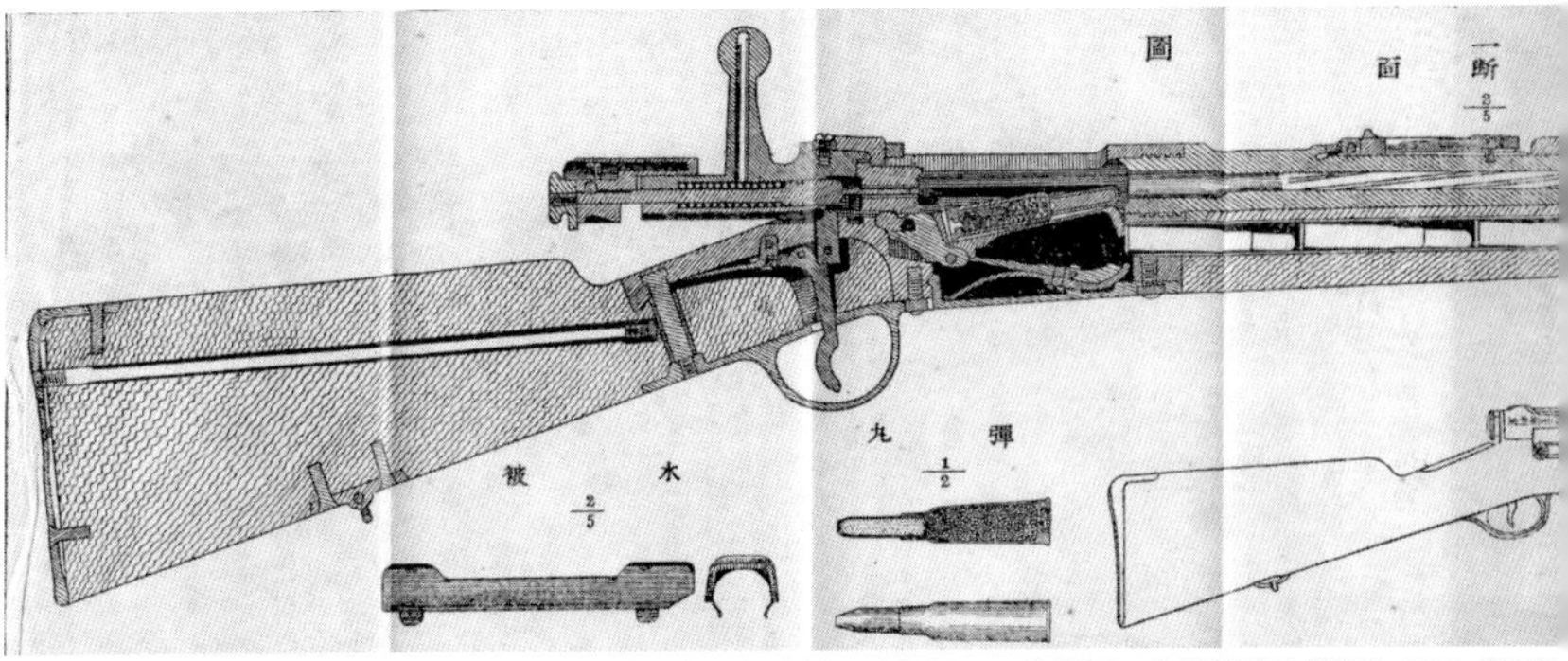

「二十二年式村田連発銃」の分解図。銃機関部右側面にある「搬筒
バー（マガジンカットオフレバー）の切替で、射撃を「連発」と「単

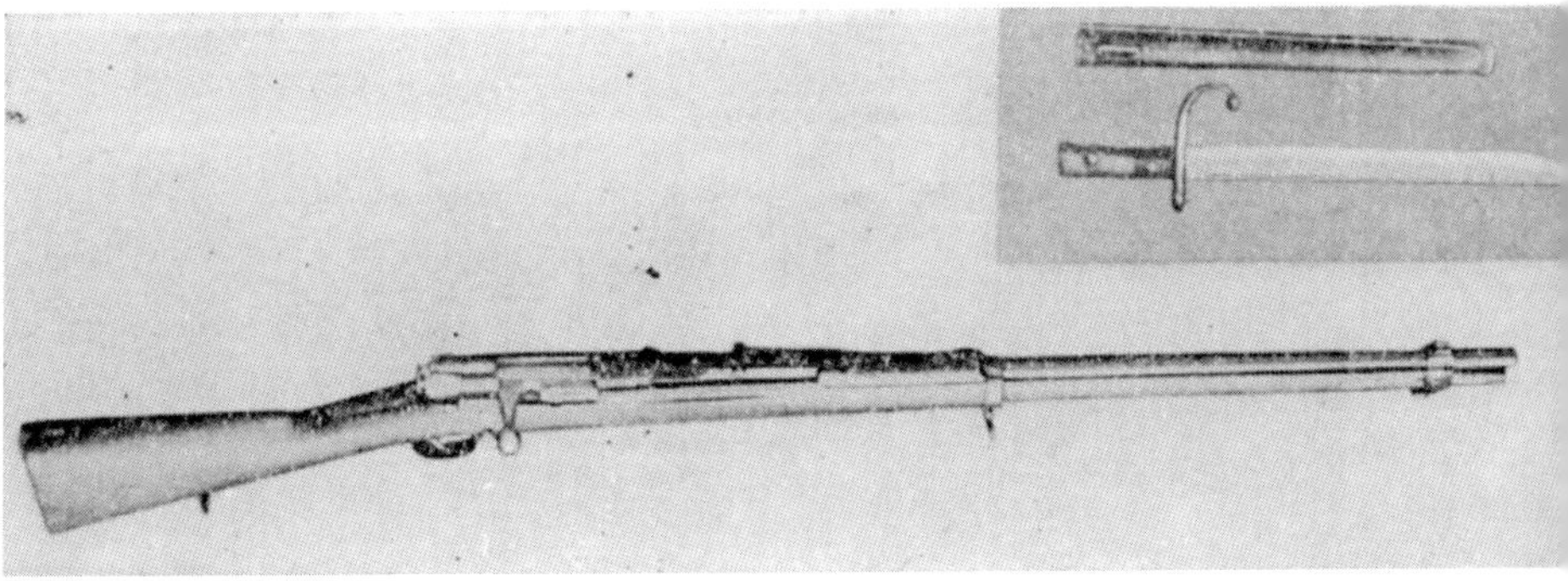

二十二年式村田連発銃

式小銃（前床弾倉式）」、英国の「リー一八八八年式小銃（尾筒弾倉式）」等が参考とされた。

日本で試作された八種類の試作連発銃のタイプは、「前床弾倉十連発銃」が三種類、「前床弾倉十五連発銃」が一種類、「尾筒弾倉六連発銃」が四種類であった。

明治二十二年の比較試験により三種類が試作された「前床弾倉十連発銃」のうちの一種を、小改良の後に国産の制式連発銃として「二十二年式村田連発銃」の名称で制式制定した。

二十二年式村田連発銃の構造

「二十二年式村田連発銃」の特徴は銃身下に「筒状弾倉」を装備していることであり、「連発銃」の名称を冠しながらも、銃機関部右側面にある「搬筒《はんとう》匙軸轉把《ひじくてんぱ》」と呼ばれるレバー（マガジンカットオフレバー）の切り替えにより射撃モードを連発と単発に切り替えることができることであった。

「搬筒匙軸轉把」を単発の位置にした

場合は、「村田歩兵銃」と同様に「槓桿（ボルト）」を上に起こしてから後方に引いて薬室を開き、薬室内に一発のみ弾薬を単発装填して射撃を行なう。「搬筒匙軸転把」を連発の位置にした場合は、「薬室」底部にある「薬室」と「弾倉」を繋ぐ「搬筒匙《はんとうひ》」が下がり、「薬室」と「弾倉」が連結されることにより「弾倉」内に装填されている弾薬を「槓桿」の操作により逐次に「搬筒匙」を経由して「薬室」に送り込むことで連発射撃を行なうことが可能であった。

「弾倉」への装填は通常八発の弾薬を手で「搬筒匙」上より逐次に「弾倉」内部に送り込んで装填するが、状況により「弾倉」内に八発の装填をしてから、「搬筒匙」上に一発と薬室内に一発の合計十発の装填を行なう「特別装填」をする場合もあった。

・二十二年式村田連発銃
口径／八ミリ
全長／一二〇七ミリ（剣無）、一四七六ミリ（剣有）
重量／四一二三グラム（剣無）、四五一九グラム（剣有）
弾倉装弾数／八発
最大装弾数／一〇発

「二十二年式村田連発銃」は生産時期により銃口先端部分の形状の異なる前期型と後期型の二パターンのモデルが存在しており、前期型の生産数は約八万挺であった。

なお「二十二年式村田連発銃」の制定により、従来の単発式の「十三年式村田歩兵銃」と「十八年式村田歩兵銃」は揶揄的に「村田単発銃」とも呼ばれることがあった。

この「前床弾倉式連発銃」である「二十二年式村田連発銃」の制定直後の世界列強の小銃の主体は、「挿弾子」を用いる「尾筒弾倉式連発銃」へと移行していた。

村田連発銃の射撃方法

「二十二年式村田連発銃」の射撃は通常は「単発」で行なわれ、戦闘状況に応じて将校・下士官の「連発射撃」の指揮号令を受けた場合に切替レバーである「搬筒匙軸転把」を連発位置に切り替えて連発射撃を行なう『連発射撃

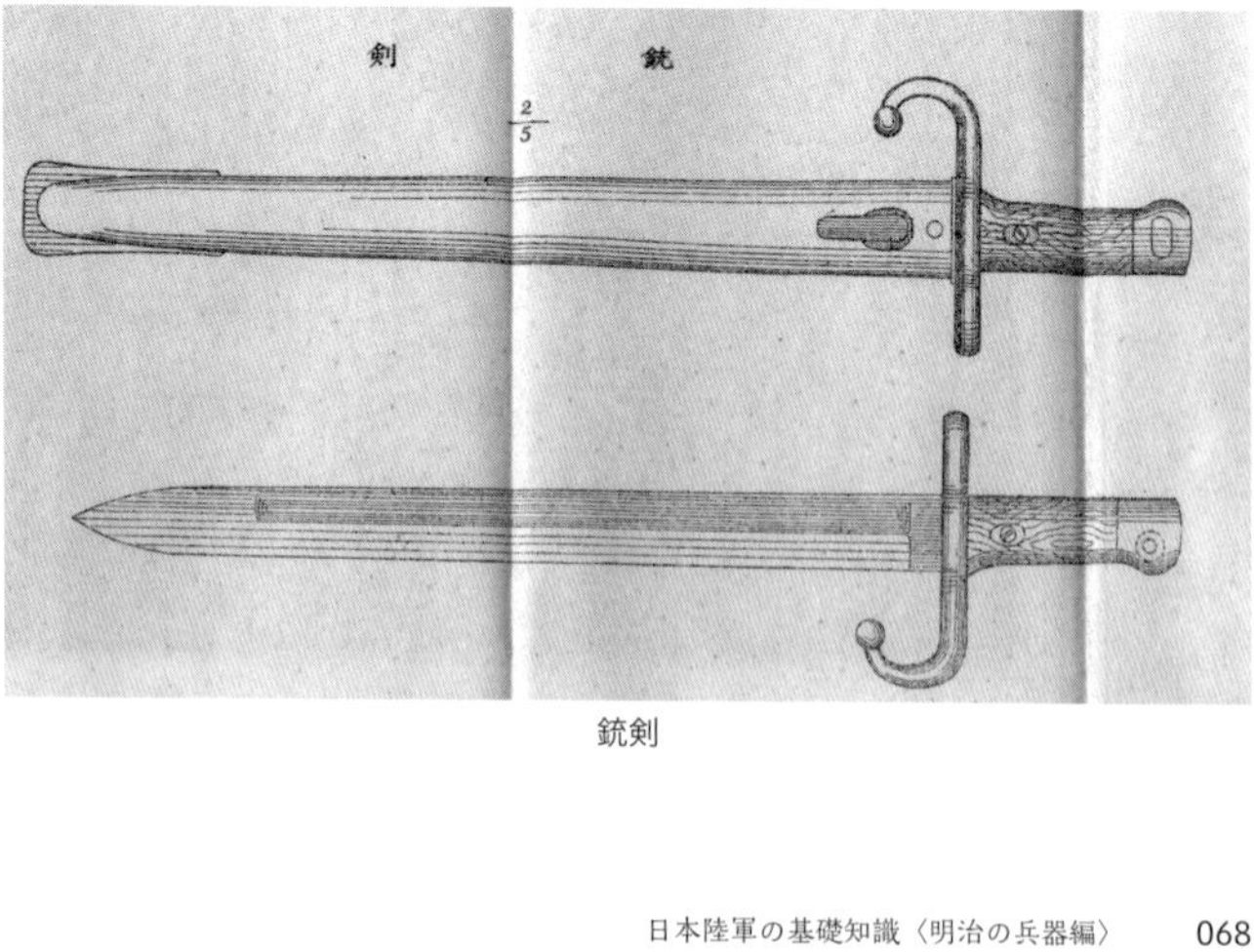

銃剣

も可能な単発銃』がコンセプトであった。

これは取り扱いマニュアルである「村田連発銃使用法」にも「…銃ハ通常撃鐵ヲ下ロシ搬筒匙軸轉把ヲ單發裝填ノ位置ニナシ置クヘシ…」と記載されていた。

射撃姿勢は他の小銃と同じく、「立撃」「膝撃」「伏撃」の三パターンが基本とされていた。

弾薬

「二十二年式村田連発銃」の弾薬には「実包」「空包」「狭窄射撃実包」「擬製弾」の四種類がある。

「実包」は口径八ミリの弾丸表面に銅メッキを施した弾頭に、金属製薬莢と無煙火薬を用いる「中心打撃式実包（センターファイアー・カートリッジ）」であった。

「実包」は弾薬を「筒状弾倉（チューブマガジン）」に装填することから、並列して装填している弾頭の先端部と薬莢底部の雷管部分の衝突による暴発

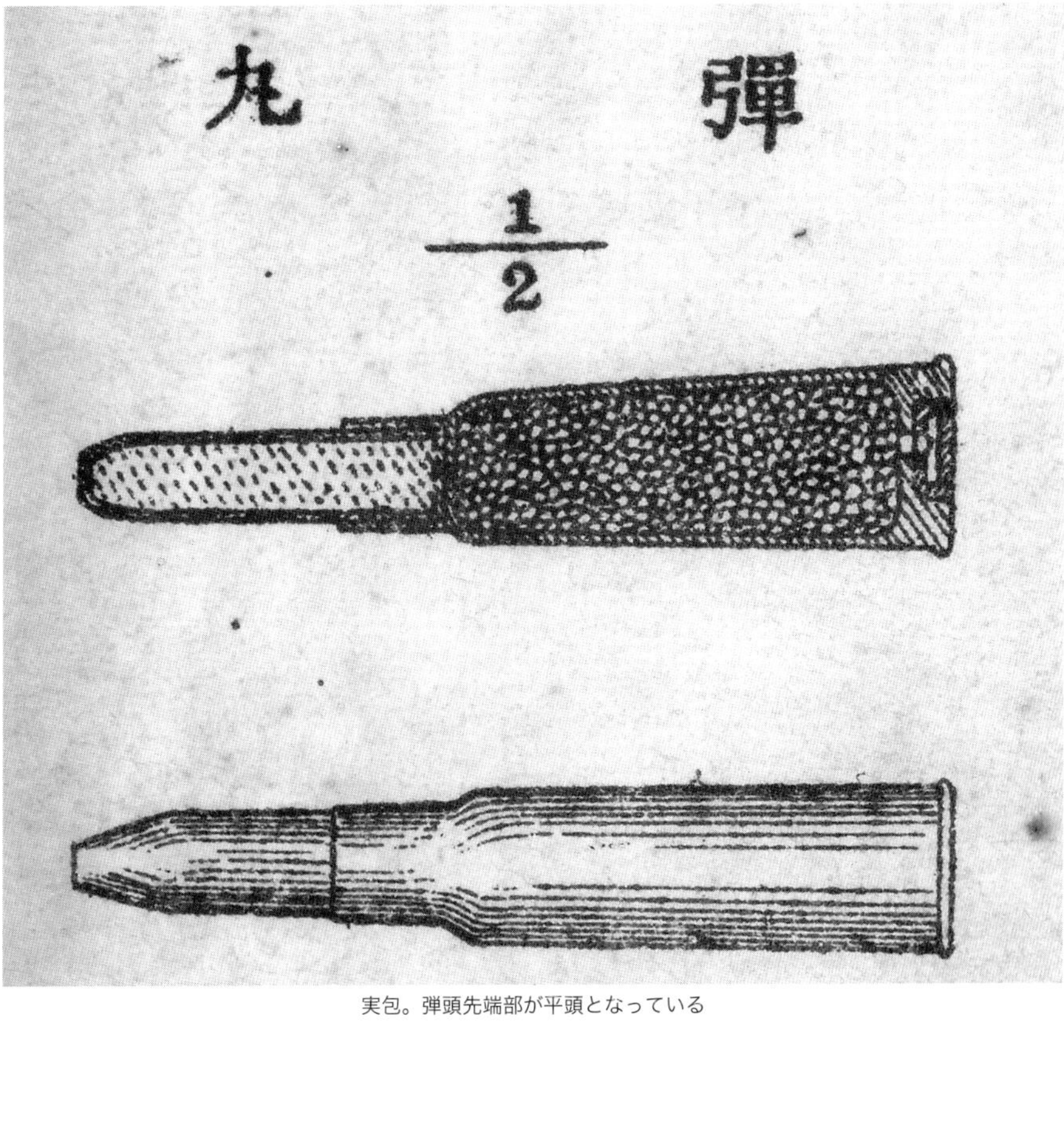

実包。弾頭先端部が平頭となっている

を防止するため、弾頭先端部が平らになっている平頭弾頭が用いられているものの、無煙火薬を用いるため弾頭の初速が増加したので平頭弾頭による空気抵抗により弾道不良が生じたほか、連発射撃時の「筒状弾倉」内の弾薬の減少にともなう銃の重心移動による命中率の低下という問題が惹起した。

実包は製造工程の最後に、防水と潤滑の目的で「塗蝋」と呼ばれる弾薬全体に溶かした蝋を塗って乾燥させる。

弾薬は五発ずつ前・中・後と三列（十五発）に並べたものを「紙函《しきょう》」と呼ばれる紙箱に収めて、開封用の撮摘部（つまみ）のついた寒冷紗布で薬莢底部を被ってから、「紙函」上部に蓋の役目をする「蓋紙」を張り付ける。

つづいて「紙函」二十個（三百発）をカバータイプの「覆函」で被包してから上下に板紙の当紙をして、さらに取出用の「抽出板」を上下に当ててから引紐である「抽出紐」で緊括する。

この三百発の梱包四個を木製「弾薬箱」に四個（千二百発）を収めて封印する。弾薬箱の重量は四十五キロである。

弾薬の携帯

「二十二年式村田連発銃」の携帯弾薬は歩兵の下士官兵卒一名に対して百二十発であり、各人はそのうちの九十発を腰の「革帯《かくたい》（革ベルト）」に付けた「弾薬盒《だんやくごう》」に収納して、残る三十発は「背嚢」の内部に収めた。

茶革製の「弾薬盒」は左右の前腰部分に一個宛に装着する二つの「前盒」と、後ろ腰部分に装着する「後盒」一個でワンセットとなっており、各「弾薬盒」には十五発入の「紙函」二個で三十発の弾薬をそのままに収めるスタイルで携帯した。

弾薬の補給

明治二十四年の時期での「二十二年式村田連発銃」の小銃弾の補給は、戦時に各「歩兵大隊」の「大隊本部」隷下に配属の「輜重兵」と「輜重輸卒」によって編成される戦闘に必要な補給物資を輸送する「小行李」によって行なわれた。

「小行李」は「駄馬」編成であり、「副馬（予備駄馬）」二頭、「衛生材料駄馬」一頭、「弾薬駄馬」十六頭、「器具駄馬」二頭の合計二十一頭を擁していた。

このうち小銃弾を輸送する「弾薬駄馬」は、荷物搭載用の鞍である「駄鞍」の左右に小銃弾薬箱一個宛を駄載するので、「弾薬駄馬」一頭で二千四百発、全「弾薬駄馬」十六頭で総計三万八千四百発の弾薬が輸送可能であった。

十六頭の「弾薬駄馬」は通常四馬ずつ四個の「弾薬班」より編成されており、戦況に応じては各「歩兵大隊」隷下にある四つの「歩兵中隊」にあらかじめ一個「弾薬班」宛に分属されるケースもあった。

なお、各「小行李」に対しての消耗弾薬の補給は、戦時に際して「輜重兵大隊」の要員と予備役と輜重輸卒により、「師団」下で戦時編成される「弾薬大隊」隷下の「弾薬縦列」より適宜に補給を受けるシステムである。

銃剣

白兵戦に用いる「銃剣」は銃口部分の右サイドに水平に装着する。「銃剣」の全長は三百七十ミリ、剣身長は二百八十ミリ、重量三百九十六グラムであり、小銃の前期・後期の両生産タイプに合わせて柄部分の形状の異なる二タイプの銃剣が存在した。

村田連発騎銃

「村田連発銃」には銃身長を切り詰めた「騎銃」バージョンの「村田連発騎銃」がある。

「村田連発騎銃」の機関部等は歩兵銃と同一であるが、銃身長を詰めたため装弾数は五発となり、「特別装填」の場合は七発の装填が可能であった。

ただし馬上での使用の際は安全装置が無いので七発の「特別装填」は禁止されていた。

「村田連発騎銃」の初速は、銃口前二十五メートルの位置で毎秒五百七十六メートル前後であり、最大射程は三千百メートルであった。

また、当時の騎兵は徒歩戦時の白兵には銃剣を用いることはなかったため、「村田連発騎銃」には「銃剣」の着脱機構は無かった。

・村田連発騎銃
口径／八ミリ
全長／九五〇ミリ
重量／三七〇〇グラム
弾倉装弾数／五発
最大装弾数／七発

「二十二年式村田連発銃」を持つ喇叭手。腰部分の左右には各弾薬30発ずつを収納する「弾薬盒」を付けている

第11話

三十年式歩兵銃

「日露戦争」時の基幹小銃となった「三十年式歩兵銃」及び、同銃のバリエーションの一環として開発された、短銃身タイプの「三十年式騎銃」を紹介！

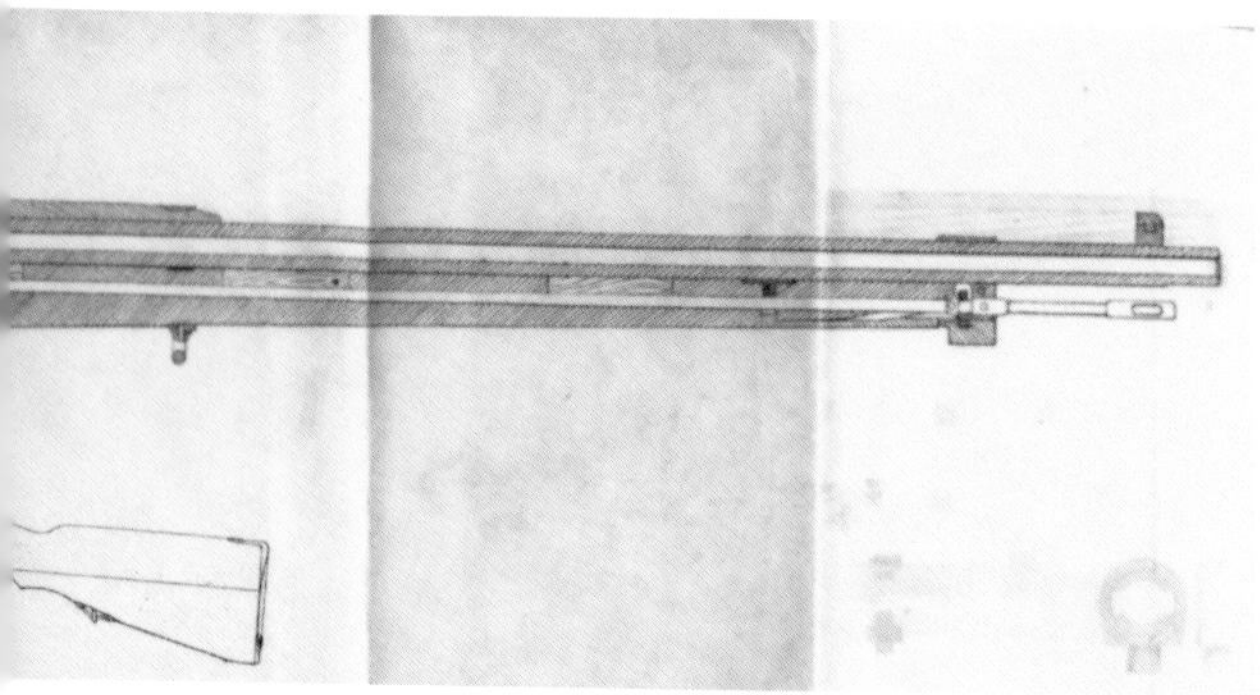

「三十年式歩兵銃」

三十年式歩兵銃

「二十二年式村田連発銃」が制式制定された直後の欧米列強の用いる基幹歩兵銃は、村田連発銃に見られるような銃身の下に「筒状弾倉《チューブマガジン》」を備えた「前《ぜん》床《しょう》弾倉式連発銃」ではなく、速射可能な「回転鎖閂式《かいてんさんしき》」の射撃機構と「挿《そう》弾子《だんし》（クリップ）」による迅速な給弾により機関部に数発の予備弾薬を有する「尾筒《びとう》（尾槽）弾倉式連発銃」が主体となっていた。

欧米列強の趨勢を顧慮して日本でも「二十二年式村田連発銃」に替わる新たな「尾筒（尾槽）弾倉」をもつ「回転鎖閂式連発銃」の必要から、明治二十九年より「砲兵会議審査官」であった「有坂成章」が主任となり新小銃の開発を開始しており、二年後の明治三十一年二月に装弾数五発の連発銃である「三十年式歩兵銃」の名称で制式制定された。

この「三十年式歩兵銃」の制定により、既存の制式小銃であった「二十二年式村田連発銃」は逐次に第一線を退き予備兵器となり、後の「日露戦争」では「エンピール・スナイドル銃」と並んで後方警備部隊の主力兵器となった。

「三十年式歩兵銃」の特徴は、「回転鎖閂式」の銃機関部に設けられた「尾

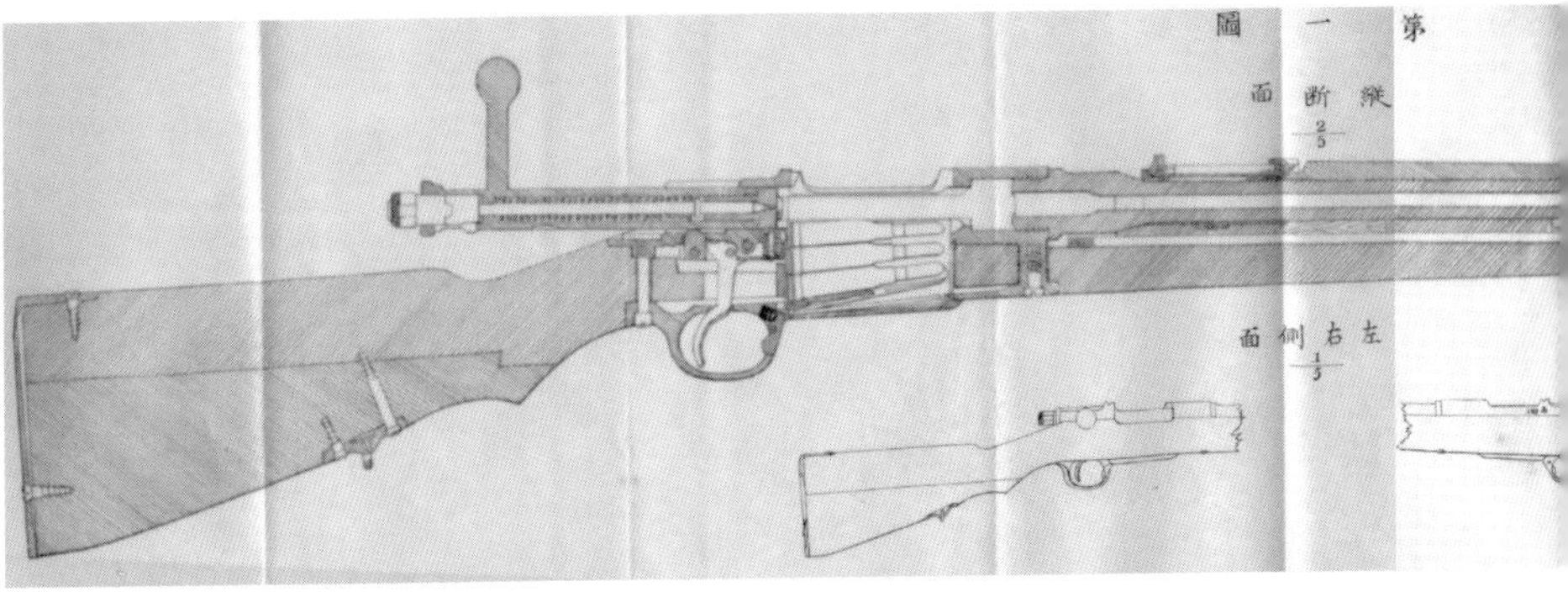

「三十年式歩兵銃」

筒弾倉」に「挿弾子」と呼ばれる金属製クリップによってワンセットになった口径六・五ミリの弾薬五発を一度に薬室に装填することが可能であった。

射撃に際しては、銃機関部右側にある「柄桿」を定位置より上に起こしてから後方に引き、再び前進させて定位置に戻すという手動操作を繰り返すことにより、弾倉内に装填されている五発の弾薬の連続射撃が可能であり、併せて国産歩兵銃として危害・暴発防止のために初めての安全装置も取り付けられていた。

この安全装置は二系統あり、一つ目は「避《ひ》害筍《がいじゅん》」と呼ばれており、

「三十年式歩兵銃」。写真下は完全分解の状況

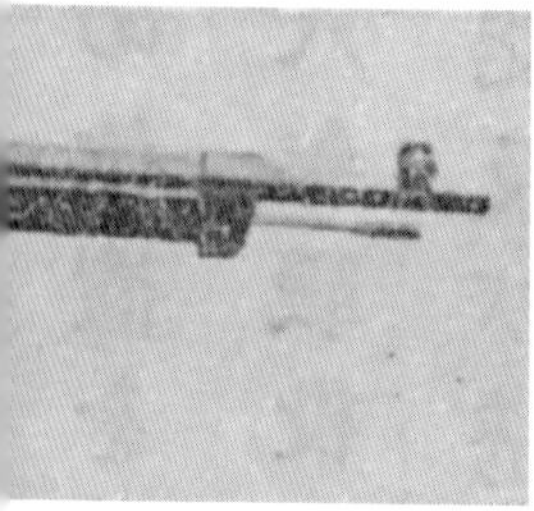

機関部の「柄桿」を正規の位置に戻さない限りは引き金が引けない機構となっていて、装填動作中の暴発防止の措置が取られていた。

二つ目は、装填動作後に「柄桿」の後端基部に設けられた「副鉄《ふくてつ》」と呼ばれる起倒式のレバーを上に起こすことで撃針と引金を固定する安全装置により射撃することができず、「副鉄」を倒すことで射撃が可能になる。

銃身は全長七百九十ミリ、口径六・五ミリであり内部には六本の「腔綫（ライフリング）」が設けられており、銃身に沿った木製「銃床（ストック）」の底部には銃腔清掃用の金属製「槊《さく》杖《じょう》」が収められている。

射撃の照準は「照星」と「照門」で行なわれ、「照門」の基部となる「照尺坐」には起倒式で射撃距離が刻まれた「表尺鈑」があり、「表尺鈑」を倒した状態では「照門」は三百メートルの射撃距離を示し、「表尺鈑」を立てると表尺下部は四百メートルの距離を示し、「表尺鈑」に付属した上下にスライドする可動式「遊標」を動かすことで逐次に五百～千九百メートルの射撃距離を百メートル刻みで選択ができるほか、「表尺鈑」の最上部の「照門」は最大有効射程の二千メートルを示していた。

小銃の生産は制定直後の明治三十一年より開始され、「日露戦争」勃発前年の明治三十六年には国内の現役歩兵部隊全部に配備が完了している。

また、歩兵の戦闘マニュアルである明治三十一年制定の「明治三十一年式歩兵操典」の記載小銃は「二十二年式村田連発銃」であったため、別に「三十年式歩兵銃騎銃取扱法」が追加の副読本のスタイルで制定された。

・三十年式歩兵銃諸元

全長／一二七五㎜（除銃剣）、一六六五㎜（含銃剣）

重量（除銃剣）／三八五〇g（弾倉空虚）、三九六〇g（弾倉装実）

重量（含銃剣）／四二九〇g（弾倉空虚）、四四〇〇g（弾倉装実）

弾薬

「三十年式歩兵銃」の弾薬には、「実包」「空包」「擬製実包」「狭窄実包」の四種類があった。

「実包」の制式名称は「三十年式実包」であり、口径六・五ミリ、重量十・五グラムの弾丸の形状は空気抵抗を顧慮して先端部分が円形となっており、弾薬の全長は五十一ミリ、重量は二十二グラムで、装薬として二・〇七グラムの無煙火薬が薬莢内に装填されていた。

実包は五発ごとに「挿弾子」に纏められ、十五発ごとに「紙函」に収められており、千二百六十発を木製の弾薬箱に収めた。

弾薬箱の全備重量は約四十一キロであり、「弾薬駄馬」の駄鞍には二箱の

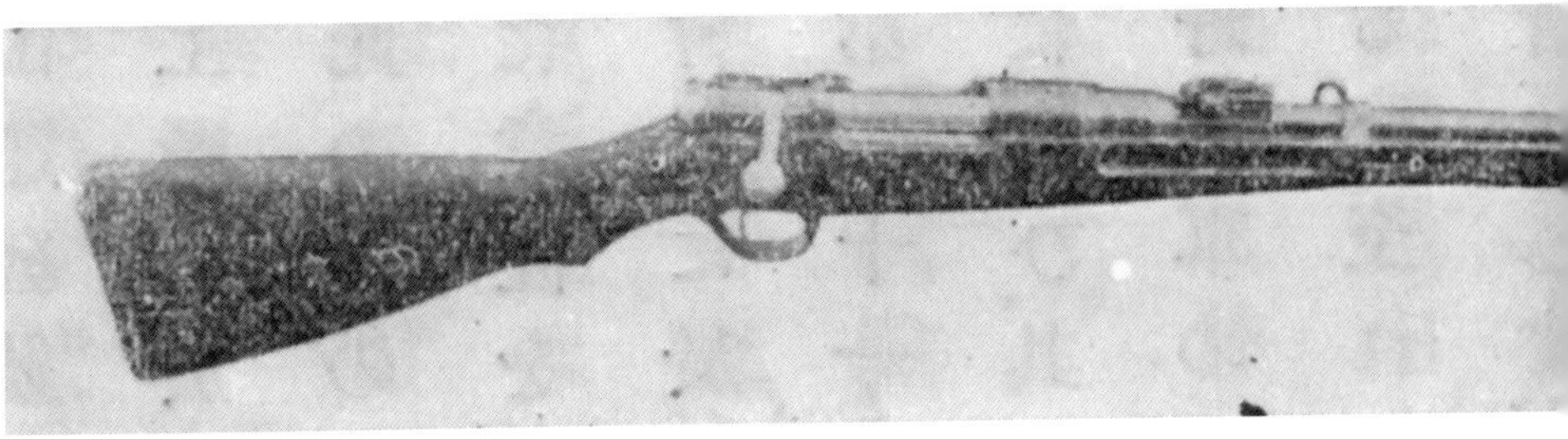

「三十年式騎銃」

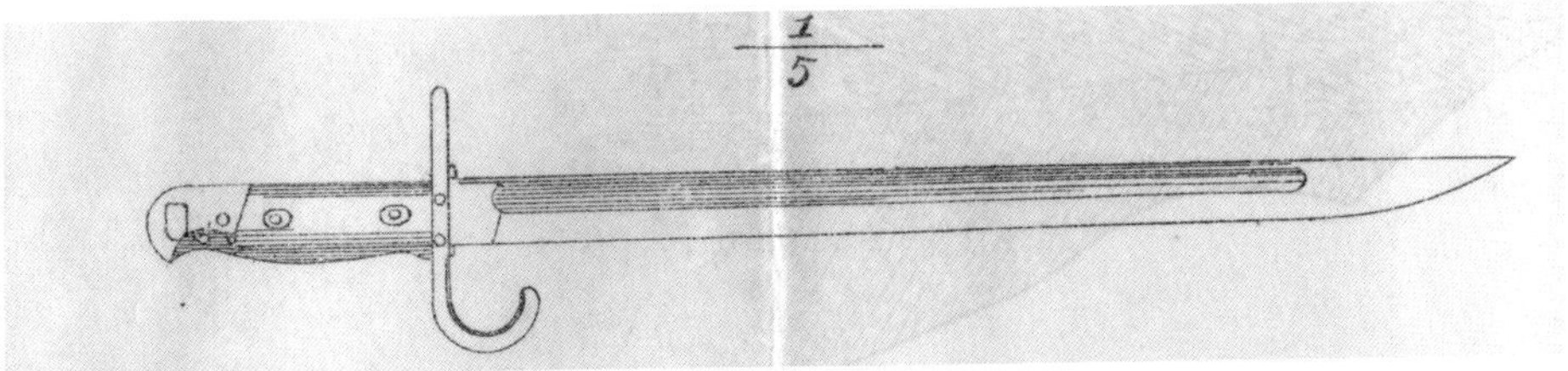

「三十年式銃剣」

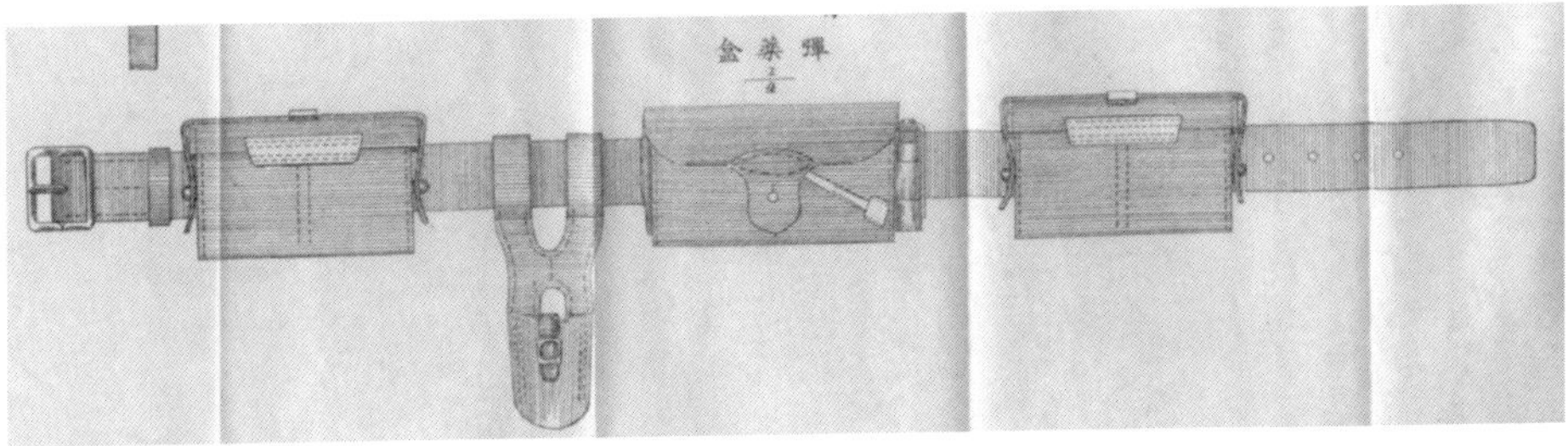

弾薬盒

合計二千五百二十発の弾薬が搭載可能であった。

「空包」は、発音による訓練に用いる弾薬であり厚紙製の擬似弾頭が付けられていた。

「擬製実包」は、薬莢に雷管と火薬が付いていない装填訓練に用いる弾薬であり、実弾との識別のために薬莢と弾頭部分にそれぞれ二本ずつの帯溝が設けられている。

「狭窄実包」は、「狭窄射撃」と呼ばれる縮尺レンジでの射撃訓練に用いる専用実包である。

弾薬の携帯

戦闘時には歩兵の下士官兵は、一人あたり百八十発の実包を携行する。

弾薬は「帯革」と呼ばれる腰に巻く革製ベルトに取り付けた三つの「弾薬《だんやく》盒《ごう》」と呼ばれる茶革製弾薬ポーチに百二十発を収納して、残る六十発は予備弾薬として「背嚢」ないし「雑嚢」の中に収める。

「弾薬盒」は腰前部に装着する二つの

「前盒《ぜんごう》」と、後腰部分に装着する「後《こう》盒《ごう》」でワンセットになっており、二つの「前盒」には各三十発（十五発入の「紙函」二個）の合計六十発の実包を収め、「後盒」には六十発（十五発入の「紙函」四個）の実包を収める。

　銃には「附属品」として、「銃口蓋《じゅうこうがい》」「洗管」「転螺器《てんらき》」「油壷」「薬室掃除器」「負革」がある。

　「銃口蓋」は、銃腔内部に砂塵の侵入を防ぐとともに照星を保護するために銃口部分に被せる金属製の蓋であり、「洗管」は銃腔内部の清掃に用いる器材である。

　「転螺器」は分解用に使用されるねじ回しであり、「油壷」は手入用の「常用鉱油（スパンドルオイル）」を入れた容器であり、「薬室掃除器」は薬室と尾筒の清掃・メンテナンスに用いる器具である。

　これらのうち、「転螺器」「油壷」「薬室掃除器」は「後盒」の側面と後面に装着する。

　「負革」は銃を背中ないし肩に背負う場合に用いる革製の紐であり、適宜の長さに伸縮が可能であった。

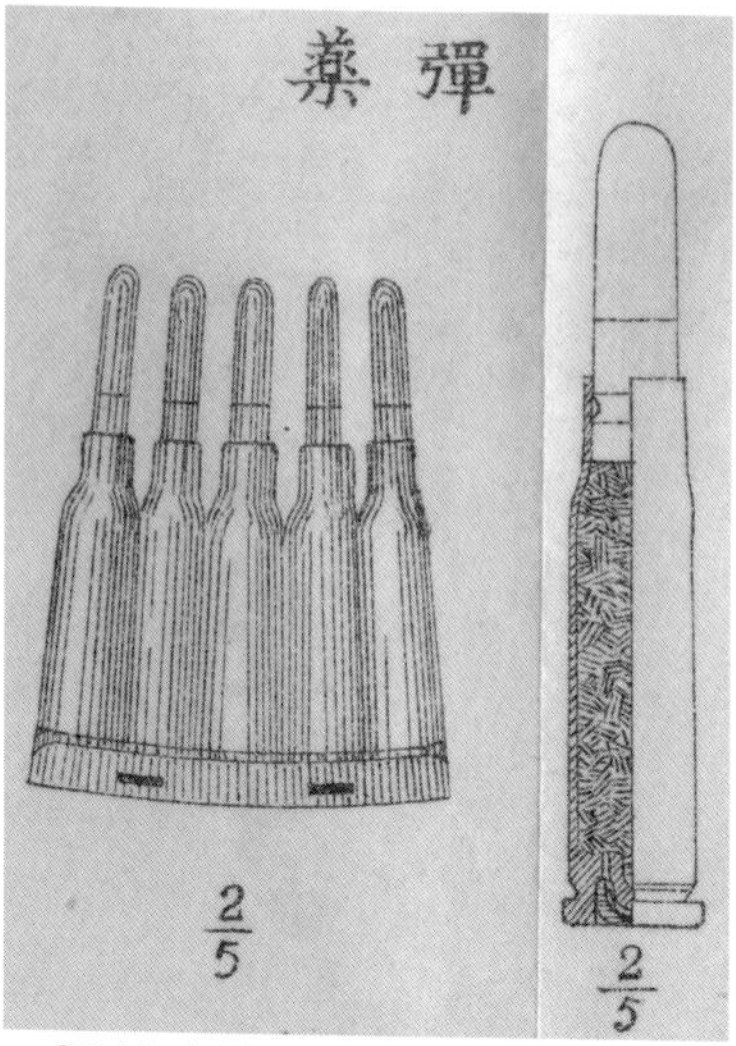

「三十年式実包」。「挿弾子」と呼ばれるクリップで１度に５発の装填が可能であった

銃剣

「三十年式歩兵銃」には白兵戦用として、銃身下部に取り付ける専用の「三十年式銃剣」がある。

　銃剣は「剣身」「剣柄」「鞘」の三部より構成されており、「剣身」は全長四十センチで片刃の日本刀スタイルの形状を持ち、重量軽減のため両側面に彫溝が設けられており、片刃の刃面を下にした状態で着剣する。銃剣は長身の剣身を活かした刺突のほかに、振りかざして「薙刀」のように用いることも可能であった。

「剣柄」の鍔の下面部分は複数の銃を組んで交差させる「叉銃」を行なうため湾曲しており、この曲がりは「龍鼻」と呼ばれた。

　この「三十年式銃剣」は日本陸軍の基幹銃剣として昭和二十年まで使用された銃剣で、小銃・軍刀を携帯しない総ての下士官兵にも支給されており、これらの小銃・軍刀を持たない下士官兵には「銃剣」を用いた格闘技である「短剣術」の教育が施されていた。

三十年式騎銃

「三十年式歩兵銃」にはバリエーションとして、騎兵・輜重兵等の乗馬兵科が用いる短銃身タイプの「三十年式騎銃」がある。

「三十年式騎銃」の機関部は「三十年

式歩兵銃」と同一であり、特徴としては銃身長が短くなっている点と、馬上では歩兵銃と異なり右肩に担わずに背中に右肩から左腰に斜めに背負って携帯するため、背中への負担を軽減するために「負革（スリング）」が銃の底部ではなく左側面に設置されている。

また「三十年式騎銃」も既存の制式騎銃である「村田騎銃」や「村田連発騎銃」と同様に、銃口部分に銃剣を装着するための着剣装置は無く、騎兵・輜重兵は「軍刀」と「騎銃」を装備し、「徒歩戦」と呼ばれる下馬しての戦闘の場合は射撃戦闘では「騎銃」を用いるものの、「突撃」に際しては「騎銃」を背中に背負ってから「軍刀」を抜いて突撃を行なった。

「騎銃用」の「弾薬盒」は、「弾薬盒」本体に左肩から右腰に吊るす「負革」と腰に固定するためのベルトである「帯革」が付いており、「弾薬盒」本体は内部が三室に分かれており、左右には十五発入の「紙函」一個ずつの合計三十発の弾薬を収納して、中央部には「転螺器」と「油壷」を収納して、「弾薬盒」外部に「洗管」と「薬室掃除器」を装着する。

また、騎銃専用の「銃口蓋」は「銃口」のみに被せるタイプであった。

・三十年式騎銃諸元

全長／九六五mm

重量／三一八〇g（弾倉空虚）、三二九八g（弾倉装実）

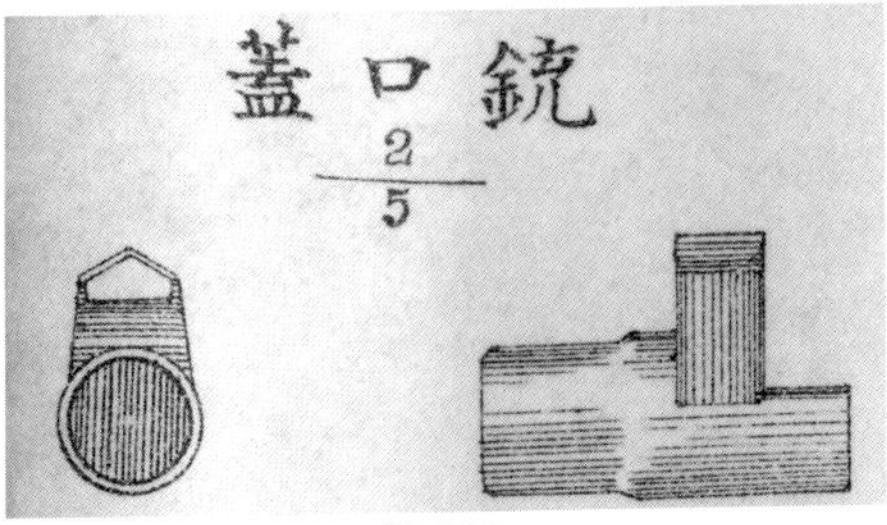

「銃口蓋」

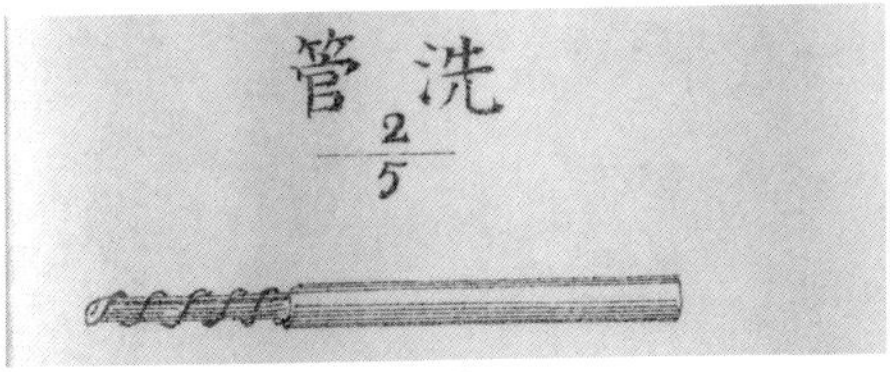

「洗管」

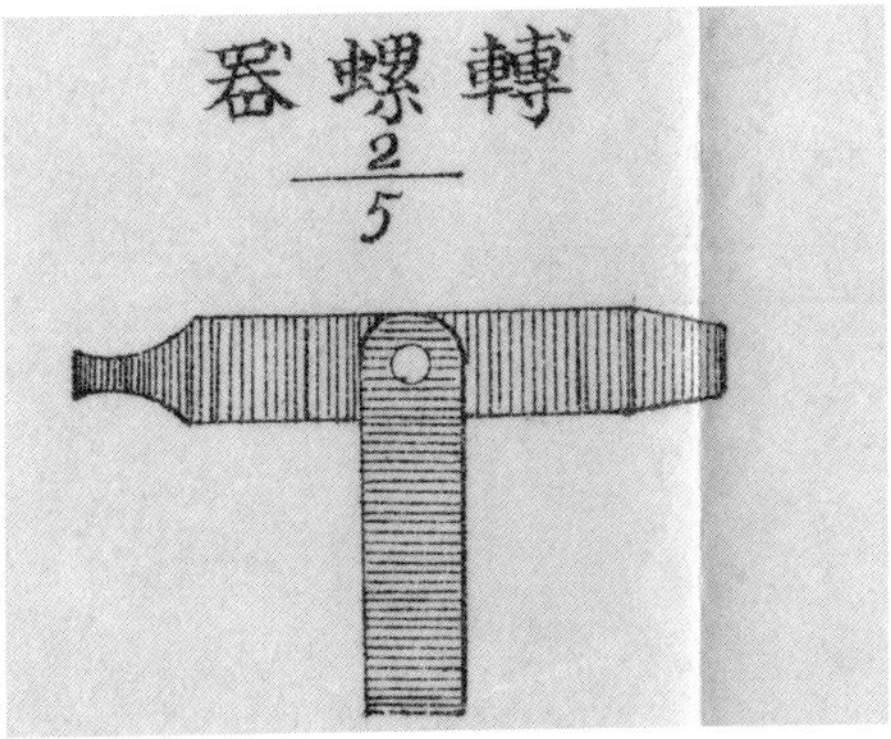

「転螺器」

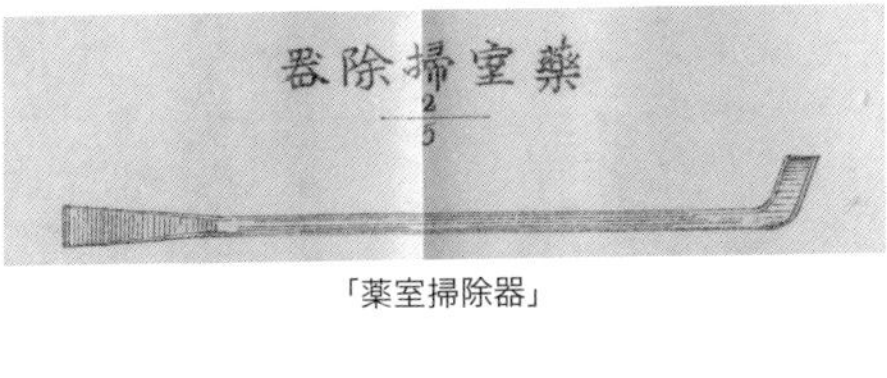

「薬室掃除器」

三八式歩兵銃

「三十年式歩兵銃」の機関部に修正を施した「三八式歩兵銃」および、「三八式騎銃」や明治四十四年に制定された騎兵専用の「四四式騎銃」等、「三八式歩兵銃」の各種バリエーションを取り上げていく！

第12話

三八式歩兵銃

「日露戦争」の戦訓を基として、既存の「三十年式歩兵銃」の機関部に修正を施した改良型小銃が明治三十九年に「三八式歩兵銃」として制定された。

「三八式歩兵銃」の改良点としては、「日露戦争」の戦場での砂塵の機関部への侵入による作動不良に対応するため、機関部の構成部品点数の減少と併せて、「遊底」と連動する「遊底被《ゆうていおおい》」と呼ばれる防塵用の金属製ダストカバーが「遊底」上に取り付けられたことである。

　これは「日露戦争」で日本陸軍が初めて本格的に展開した中国と満洲地区では、黄砂をはじめとする砂塵が兵器の機関部に入り込んで作動不良を起こす事象が続発しており、現地部隊では応急処置として戦闘以外の行軍時等は機関部に「手拭」「晒」等を巻き付けて砂塵の機関部への侵入を防いでいた。

　この「遊底被」の制定により砂塵の機関部混入が減少したものの、「遊底」操作に際しての音響の発生や、「遊底被」と「遊底」の適合性が悪い場合は「引っかかり」による作動不良の問題が発生している。

　また併せて安全装置にも改良が施されており、「三十年式歩兵銃」の「柄桿」の後端基部に設けられた右手の食指で作動させる起倒式タイプの「副鉄」から、ノブ状のノッチを右手掌で右に押しまわして撃鉄を固定して射撃できない状態にセットする「撃茎駐《げっけいちゅ》胛《うこう》」と呼ばれるシステムに改良された。

「三八式歩兵銃」の弾薬の口径は六・五ミリのままであるが、「三十年式歩兵銃」に用いられていた「三十年式実包」に替わり、弾頭が先鋭化して初速と貫通力に優れた「三八式実包」が新たに制定された。

　小銃弾の銃口前二十五メートルの位置での弾丸の在速は毎秒七百四十七メートルで、最大射程は約四千メートルであり、有効射程は二千四百メートルであった。

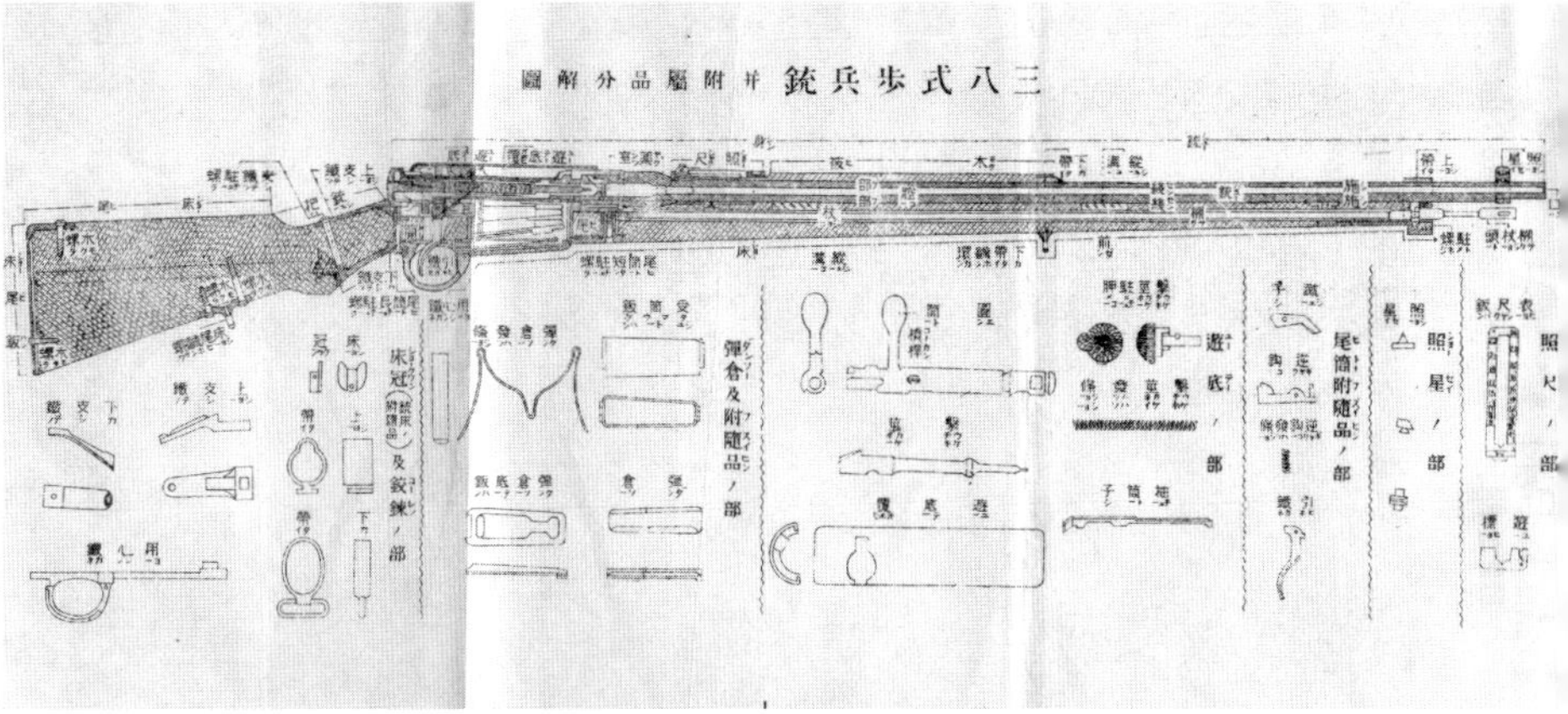

「三八式歩兵銃」。「三十年式歩兵銃」と異なる「遊底被(ゆうていおおい)」と「撃茎駐胛(げっけいちゅうこう)」が特徴である

「三八式歩兵銃」の分解状況

射撃に際しては「照星」と「照門」を用いて行なわれ、起倒式の「表尺鈑」を倒した場合の「照門」は三百メートルの射撃距離を示し、「表尺鈑」を起こしたときの下部の「照門」は四百メートル、上下にスライドする可動式の「遊標照門」を動かすことで五百から最大有効射程の二千四百メートルまでの距離を百メートル刻みで照準することができた。なお短銃身の「騎銃」の最大有効射程は二千メートルであった。

白兵戦に用いる銃剣は「三十年式歩兵銃」と同一の「三十年式銃剣」を装着した。

「三八式歩兵銃」の生産は制定直後の明治四十一年三月より開始され、明治後期までに常備部隊の小銃は既存の「三十年式歩兵銃」より新式の「三八式歩兵銃」に更新され

「三八式騎銃」

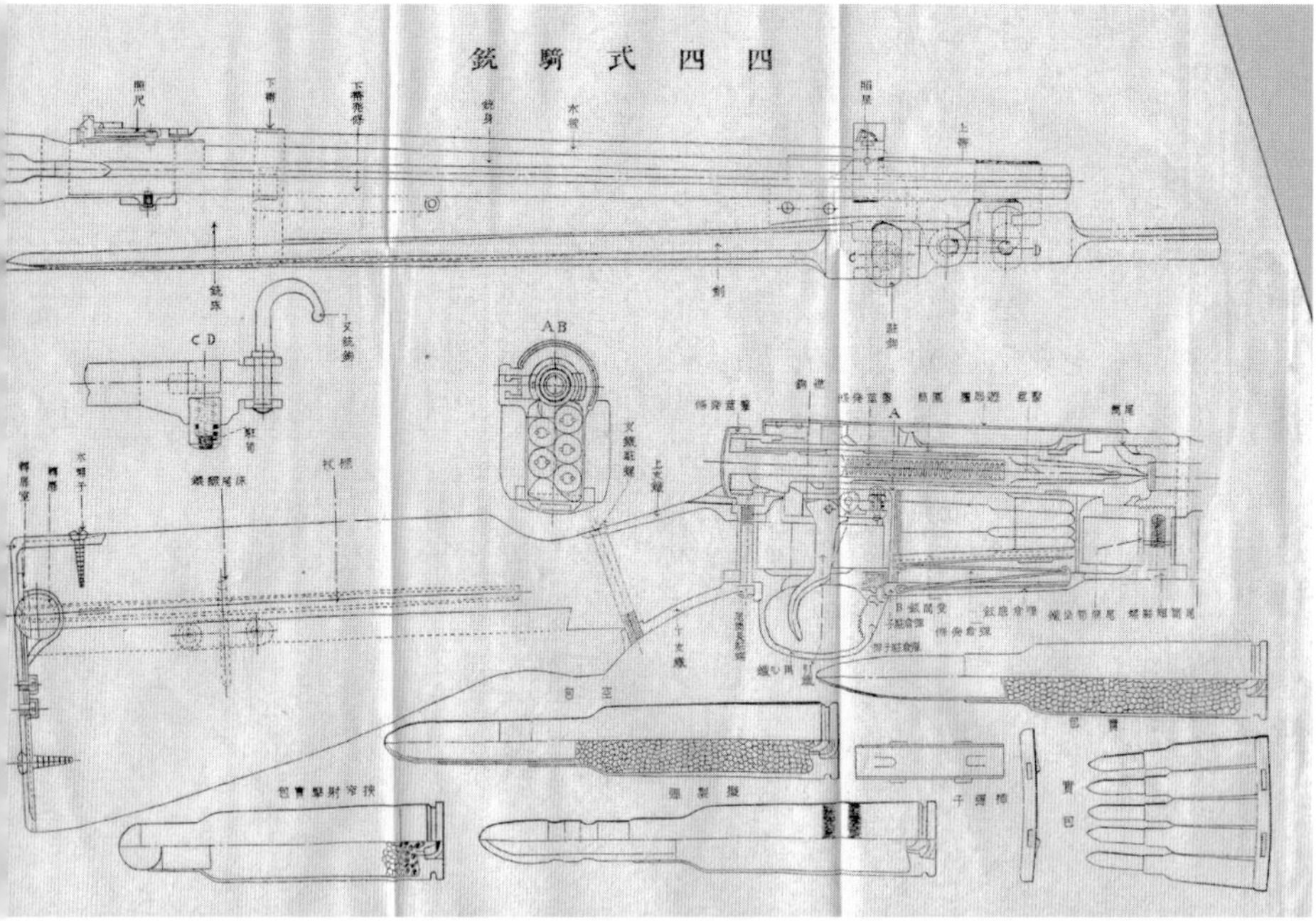

「四四式騎兵銃」。騎兵の使用のみに特化した「騎銃」である

た。

「三八式歩兵銃」の初陣は大正三年の「青島出兵」の折であり、昭和十四年の「九九式短小銃」の制定後も昭和十七年三月まで製造が続けられ、合計三百四十万挺が製造された。

また大正期になると、発錆防止の見地より大正十年の生産タイプより「ライフリング」が従来の六本より四本に変更となった。

・三八式歩兵銃諸元
全長／一二七六㎜（除銃剣）、一六五九㎜（含銃剣）
重量（除銃剣）／三九五〇g（弾倉空虚）、四〇五五g（弾倉装実）
重量（含銃剣）／四三九〇g（弾倉空虚）、四四九五g（弾倉装実）

銃の附属品

銃には「附属品」として、砂塵類の銃口浸入を防ぐためのマズルカバーである「銃口蓋《じゆうこうがい》」、銃口清掃用の「洗管」「薬室掃除器」、ねじ回しである「転螺器《てんらき》」「負革」「弾薬盒」がある。

このうち「洗管」「薬室掃除器」「転螺器」「弾薬盒」は「三十年式歩兵銃」用と同一である。

また、破損しやすい銃の予備部品として個人の携帯する「携帯予備品」があり、「撃茎《げつけい》（フェアリングピン）」「撃《げっ》茎発条《けいはつじょう》」「抽筒子《ちゆうとうし》（エジェクター）」「弾倉発条」「駐鉤発条」「銃口蓋」各一個が収められていた。

この「携帯予備品」は麻布製の「携帯予備品嚢」に収納されており、各自の「雑嚢」ないし「背嚢」に収めて携帯した。

三八式銃実包

「三八式歩兵銃」の弾薬には、「実包」「空包」「狭窄射撃実包」「擬製弾」の四種類がある。

「実包」は「三八式銃実包」と呼ばれ、重量二十一グラムで発射用の装薬として無煙火薬である「無煙小銃薬」二一・一グラムが収められており、尖頭系の形をした「弾丸」は直径六・五ミリ、全長三十二ミリ、重量九グラムであった。

なお、弾薬は大正二年に改良が行なわれた。

「三八式銃実包」の弾薬箱は「三十年式銃実包」と異なり弾薬の収納方式と収容数に相違があった。

「三八式銃実包」は五発ごとに「挿弾子」に纏められたものを十五発ごとに「紙函」に収められているスタイルは「三十年式銃実包」と同一であるが、新たに戦闘時の弾薬分配の便を顧慮して「三八式銃実包」は「紙函」十二個（百八十発）を纏めて糸で固縛した「割包」と呼ばれる梱包があり、この「割包」八個分の合計千四百四十発が弾薬箱に収められていた。

三八式歩兵銃のバリエーション

「三八式歩兵銃」のバリエーションには、輜重兵・砲兵等が用いる短銃身の騎銃として歩兵銃の銃身を切り詰めた

「三八式騎銃」と、騎兵専用の「四四式騎銃」がある。

三八式騎銃

「三八式騎銃」は、銃身長と「負革」が銃の底面ではなく左側面に付いている点以外の基本構造は「三八式歩兵銃」と同一である。

「三八式騎銃」は「歩兵」と「騎兵」以外が装備する新型「騎銃」であり、最大の特徴は「三十年式騎銃」と異なり銃口下部に着剣装置があり、白兵戦の際に「三十年式銃剣」を装着することが可能であった。

「銃剣」を着剣することができなかった「三十年式騎銃」に替わり、「三十年式銃剣」を着剣できる「三八式騎銃」の出現により「歩兵」「騎兵」以外の兵科の自衛を含む近接戦闘力が向上した。

・三八式騎銃諸元

全長／九六六mm（除銃剣）、一二三五一mm（含銃剣）

重量（除銃剣）／三三四〇g（弾倉空虚）、三四四五g（弾倉装実）

重量（含銃剣）／三七八〇g（弾倉空虚）、三八八五g（弾倉装実）

四四式騎銃

「四四式騎銃」は騎兵専用の騎銃として、「三八式歩兵銃」「三八式騎銃」をベースとして明治四十二年より開発が開始されて明治四十四年に制定された騎銃である。

「四四式騎銃」の最大の特色としては、「騎銃」としての射撃性能ではなく「徒歩戦」と呼ばれる騎兵が下馬して戦う戦闘の中での白兵戦時に際して、銃口部分に「銃剣」ではなく折畳式の「銃槍（スパイクバヨネット）」の「剣」が最初から取り付けられていることであった。

この「剣」は通常は銃口下部に取り付けられた「駐鉤《ちゆうこう》」と呼ばれる折畳金具を曲げて銃身の下にある木製銃床下部に開けられた溝中に大部が収められた「伏剣《ふっけん》」と呼ばれる状態で収められており、使用に際しては「駐鉤」の側

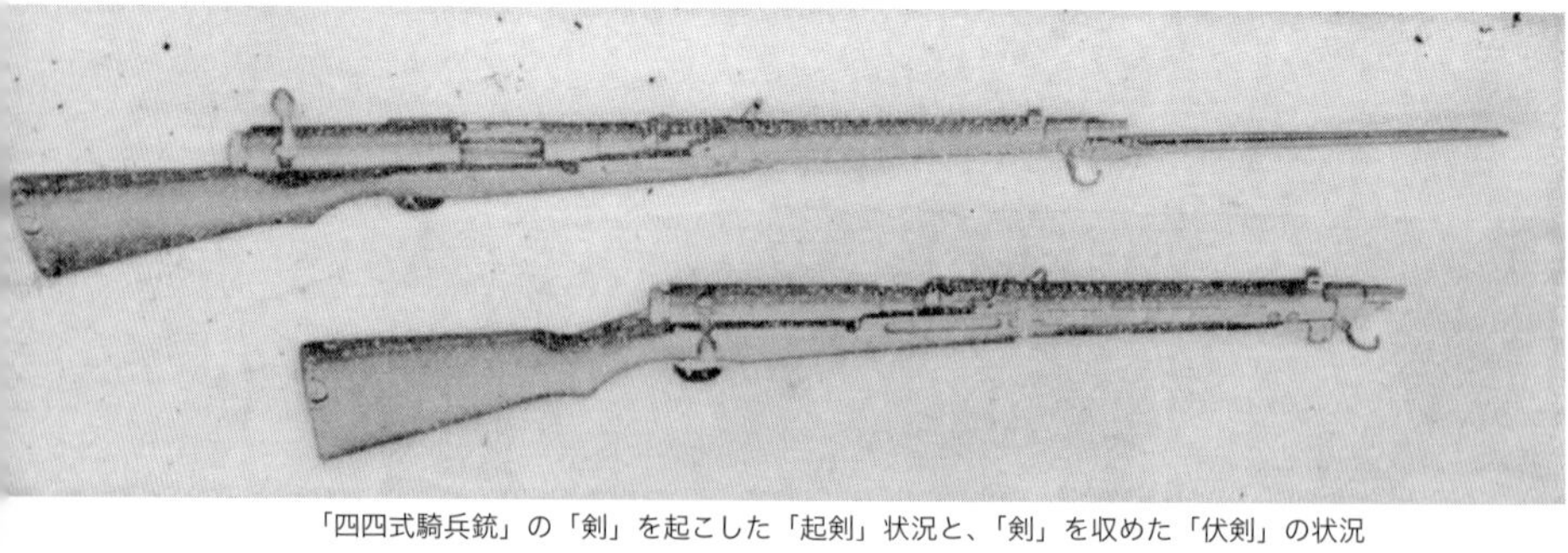

「四四式騎兵銃」の「剣」を起こした「起剣」状況と、「剣」を収めた「伏剣」の状況

面に取り付けられた「駐筍《ちゆうじゆん》」と呼ばれるボタンを押して「起《き》剣《けん》」と呼ばれる「剣」を起こしての刺突状態にする。

騎兵専用の「四四式騎銃」制定により騎兵が「徒歩戦」の場合に、「三十年式騎銃」装備のケースでは「騎銃」を背中に背負って「軍刀」を抜いて徒歩での白兵戦を行なっており、着剣可能な「三八式騎銃」装備のケースでは乗馬戦と徒歩戦のケースによって腰に「軍刀」と「銃剣」のいずれかを帯びることになり、初めから剣付である「四四式騎銃」の制定により「軍刀」のほかに「銃剣」を携帯する必要が無くなり、従来までの騎兵の兵器装備体系の複雑化が省かれるようになった。

また、銃剣以外の「三八式騎銃」と異なる点として、「駐鉤」の左側面には「又銃」時に用いる銃を組み合わせるための「又銃鉤」が付けられているほか、銃身下部に銃剣を収納しているために銃身下部に「槊杖」を収められないことから「銃床」内に結合して用いる「槊杖」二本が収納されていた。

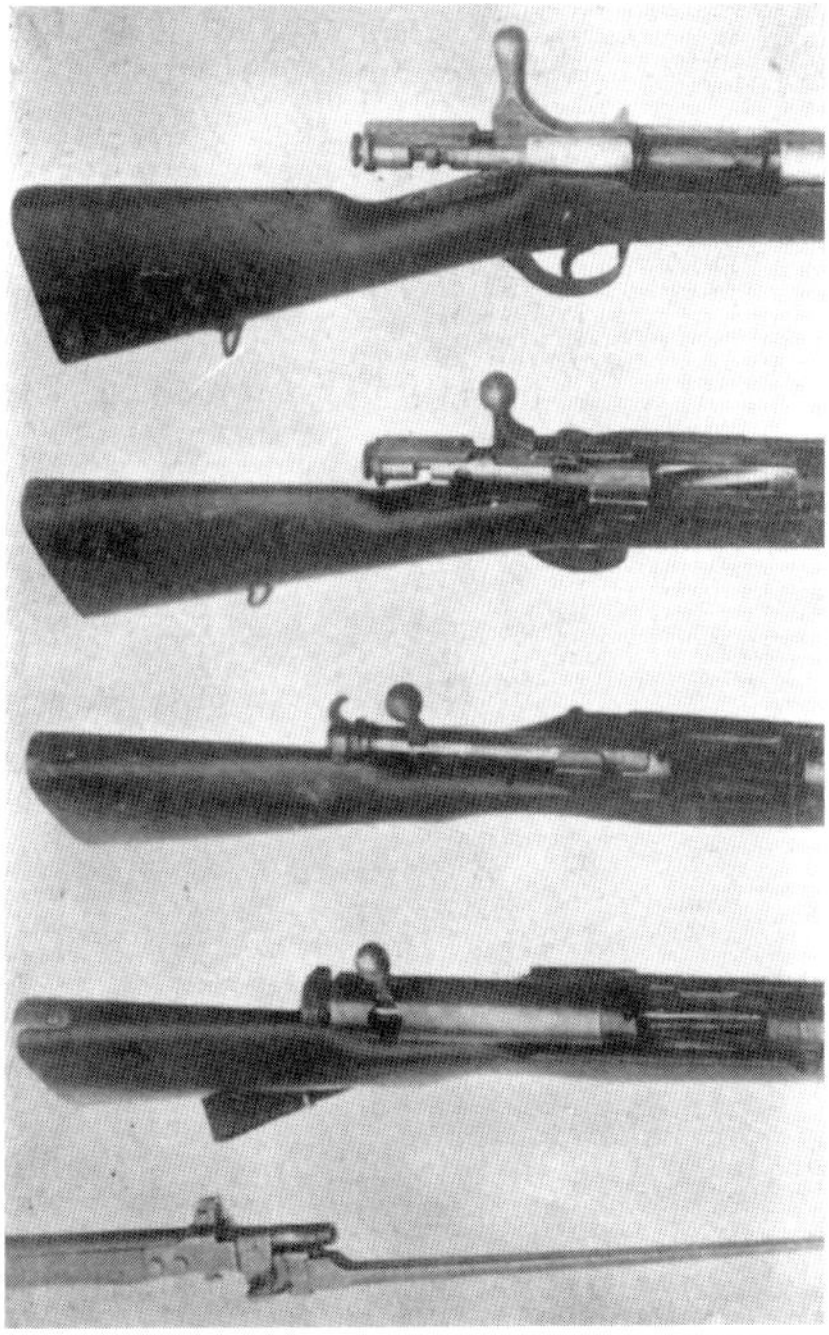

上より「十八年式村田歩兵銃」「二十二年式村田連発銃」「三十年式歩兵銃」「三八式歩兵銃」「四四式騎銃」

輸出銃

「三八式歩兵銃」は国軍での使用のほかに、大正期以降は海外にも輸出されている。

「欧州大戦」の勃発により戦時動員にともなう小銃の不足から「英国」「ロシア」に輸出されたほか、大陸方面では新興の「大支那共和国」や「東北軍閥」に輸出されている。

このほかにも、口径を輸出相手国の基幹小銃と同一に改良した輸出バージョンも多数あり、一例を示せば「泰国」用として泰国軍小銃実包が使用可能なように口径を変更した「泰国六六式歩兵銃」や、「メキシコ軍」用として口径を変更した「墨西哥歩兵銃」等が生産されて輸出された。

また、日本の指導下で「大支那共和国」と「東北軍閥」は、「三十年式歩兵銃」「三八式歩兵銃」「三十年式騎銃」「三八式騎銃」の模倣生産を行なっている。

機関銃❶

ガトリング機関砲、ノルデンフィルト機関砲、ガードナー機関砲等、黎明期の「機関銃」や、陸軍初の制式機関砲である「馬式機関砲」を紹介！

第13話

機関砲の登場

小銃の出現と同時に、一度の射撃で大量の弾丸を発射するための、複数の銃身を持った「斉射銃」の開発が試みられているものの、実際には重量と容積と機動性の観点から兵員一名での運用が可能な小銃の範疇を越える結果となり、軍隊では実際の戦闘に際しては中隊単位の一斉射撃が多用された。またこのほかにも、野砲の砲車上に複数の銃身を載せて一度に多数の弾丸を発射することができる「斉射砲」も出現している。

その後の金属製薬莢の出現により、単銃身より弾丸の連発射撃が可能な『機《き》関砲《かんぽう》（Machine Gun）』が登場する。

以下に最初期の機関砲である手動連発式の「ガトリング機関砲」「ノルデンフィルト機関砲」「ガードナー機関砲」と、初の自動連発式機関砲である「マキシム機関砲」を示す。

ガトリング機関砲

本格的な「機関砲」の嚆矢は「ガトリング砲」であり、機関部後端ないし右側に設置された手動式の「転把《てんぱ》（クランクハンドル）」を回すことで、「弾倉」から「回転式砲身」の「薬室」に順次に装填される「実包」を連続して射撃するとともに、「薬莢」を排出して再装填することができる機関砲であった。

この「ガトリング砲」は米国人発明家「リチアド・ガトリング」が一八六二年にプロトタイプを完成させたものであり、米国陸軍の部隊規模での採用を経て、一八六六年から米陸海軍に制式採用となっている。

「ガトリング砲」は形式として「一八六二年式」「一八六五年式」「一八七四年式」「一八七六年式」等があり、日本には幕末期より明治期にかけて数門が輸入されている。

日本陸軍では「幕府軍」より引き継がれた「ガトリング砲」を使用しており、明治七年の「征台の役」や明治十

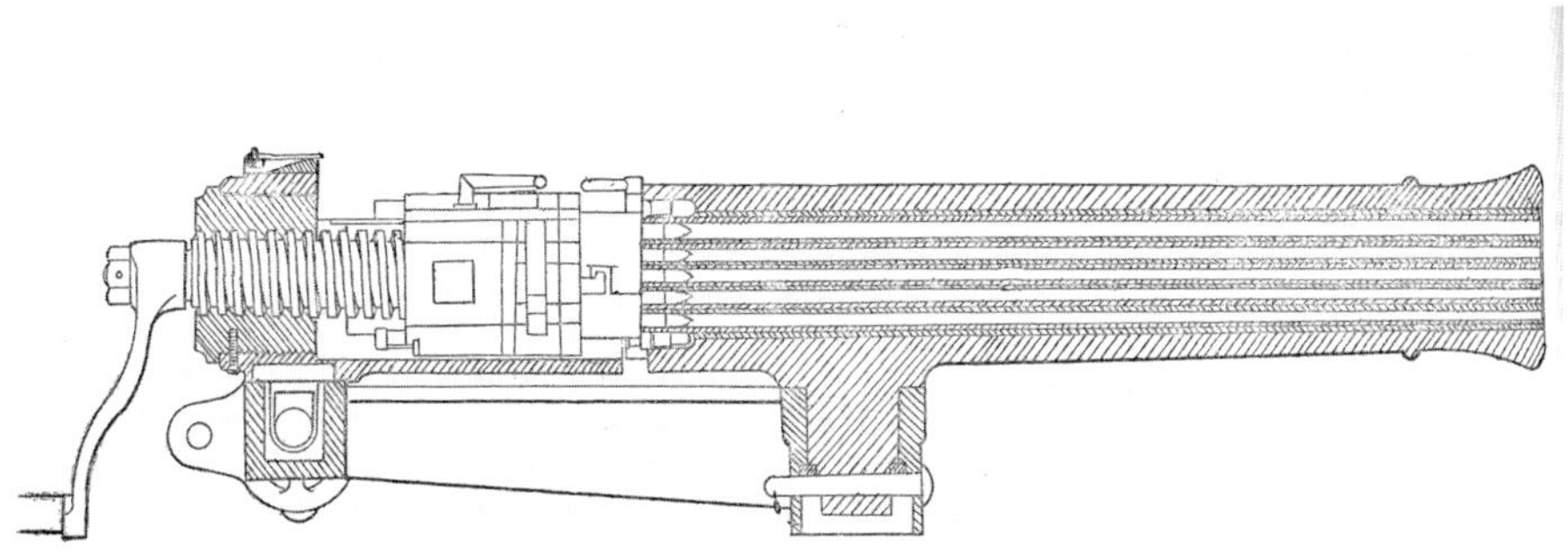

「斉射砲」の一例。図はフランス陸軍が制式採用した「ミトライユース斉射砲」。砲尾よりあらかじめ25発の小銃弾をセットしたボックスタイプの「装弾匡」と呼ばれる弾倉をセットして、砲尾の「転把」を手動回転させることで25発の実包を順次に発射することができた

年の「西南戦争」で用いられたほか、「日清戦争」や「日露戦争」では敵側からの鹵獲品を使用している。

ノルデンフィルト機関砲

「ノルデンフィルト機関砲」は一八七三年にスエーデンの技師「パールクランツ」が発明した手動式機関砲であり、資金と設備面より製造援助を行なった英国人銀行家「ノルデンフィルト」の名を冠している。

「ノルデンフィルト機関砲」は機関砲機関部右側面にある手動式レバーを前後に動かすことで砲身上の弾倉より自重落下してくる弾薬の装填・発射・排莢を行なう機関砲であり、口径は小銃口径より二十五ミリまでが存在して、砲身数は単砲身から十二連までの各種があった。

「ノルデンフィルト機関砲」を陸戦用として用いる場合は「砲車」上に機関砲本体を設置しており、海軍船舶に搭載して海上運用する場合は甲板上に固定された「基筒式《きとうしき》砲座」上にボルトで固定して設置された。

この「ノルデンフィルト機関砲」は英国海軍等で制式採用されたほか、日本海軍でも水雷艇対策と乗移戦時の敵船甲板掃射用として口径一インチ・四砲身のタイプが制式採用されており「一尹諾典機砲《いちインチノルデンきほう》」等の名称で海軍船舶に搭載されている。なお、日本陸軍では採用されなかった。

ガードナー機関砲

「ガードナー機関砲」は、一八七九年に米国人「ウイリアム・ガードナー」が開発した手動式機関銃である。

機関部のクランクハンドルを回転することで固定されている砲身に弾薬を送り込み、連続射撃が可能な機関砲であった。

「ガードナー機関砲」の特徴は、銃身が「ガトリング砲」のように回転式ではなく固定式であり、この単砲身ないし並列に並べられた最大十本の砲身にクランクハンドルの操作によって弾薬の装填・射撃・排莢を行なうシステム

であった。

単砲身ないし二連砲身のタイプは三脚架に設置されており、それ以上の多

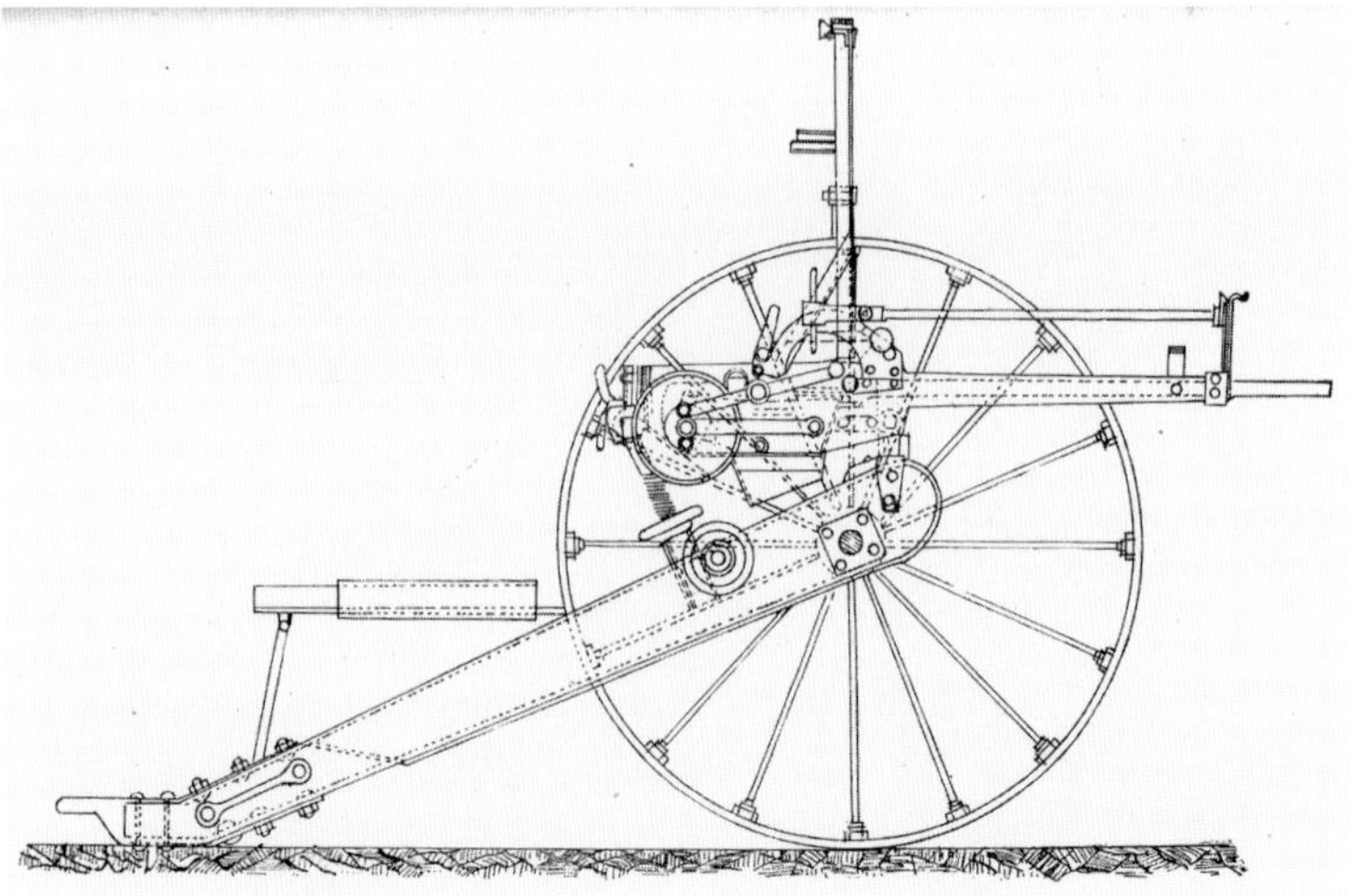

「ガードナー機関砲」の一例。図は「ガードナー機関砲」の原理を用いてオーストリア陸軍が制式採用した10砲身タイプの「ダルベルチニー機関砲」。機関砲機関部右側面にある「転把」を手動回転させせることで、弾倉から並列に設置されている各砲身に対して、弾薬の装填・発射・薬莢の排出のサイクルが行なわれるシステムである

砲身のタイプは「砲車」上に搭載されほか、船舶搭載用の「基筒式砲座」のタイプもあった。

日本陸海軍での採用は無かった。

マキシム機関砲

「マキシム機関砲」は一八八四年に英国人「ハイラム・マキシム」により開発された、射撃時の反動を利用した装填による初の全自動機関砲である。

この自動機構は、弾薬の発射時の反動により「遊底」を後退させて薬室内の薬莢を排出するとともに新たな実包を自動的に装填するシステムであり、弾薬は「弾薬帯」と呼ばれる布製ベルトに差し込まれた帯を機関銃機関部の側面より挿入することで行なわれ、装填後は引金操作することで弾薬が尽きるまで連続射撃が可能であった。

また、連続射撃で加熱した砲身を冷却するために、砲身を覆う形で冷却水を入れる水槽が設置されていた。機関砲のシステムは砲身を冷却水で冷やす水冷式機関砲である。

「マキシム機関砲」は機関砲本体を搭載した防楯付二輪車タイプの「砲車」と、弾薬箱を搭載した二輪タイプの「弾薬車」で一組となっており、「砲車」と「弾薬車」には兵員二名による人力牽引で用いる取手が付けられている。

馬式機関砲

「馬式機関砲」は明治二十年代中期に英国より日本に輸入された口径八ミリの「一八八五年式マキシム機関砲」の「マ」の字を「馬」に充てた陸軍呼称である。

輸入された機関砲の総数は約二百門であり、弾薬は後に無煙火薬を用いる

「村田連発銃」の実包が射撃できるように改造されている。

　この「馬式機関砲」の運用は「歩兵」ではなく「砲兵」中の「要塞砲兵」が運用する兵器であり、平時は国内要地を守る「要塞」や「砲台」にある「防翳舎《ぼうえいしゃ》」と呼ばれる防御射撃拠点に装備された自衛火器として運用され、戦時に際しては「要塞砲兵」より抽出した兵員により攻城砲を装備した「徒歩砲兵」が編成されるのと同様に、「要塞砲兵」より野戦部隊である「機関砲隊」を編成して外征する「野戦軍」に配属されるシステムであった。

「馬式機関砲」は「日清戦争」で少数が用いられたほか、「日露戦争」では開戦初頭に編成された「機関砲隊」の主要装備として多数が実戦投入されている。

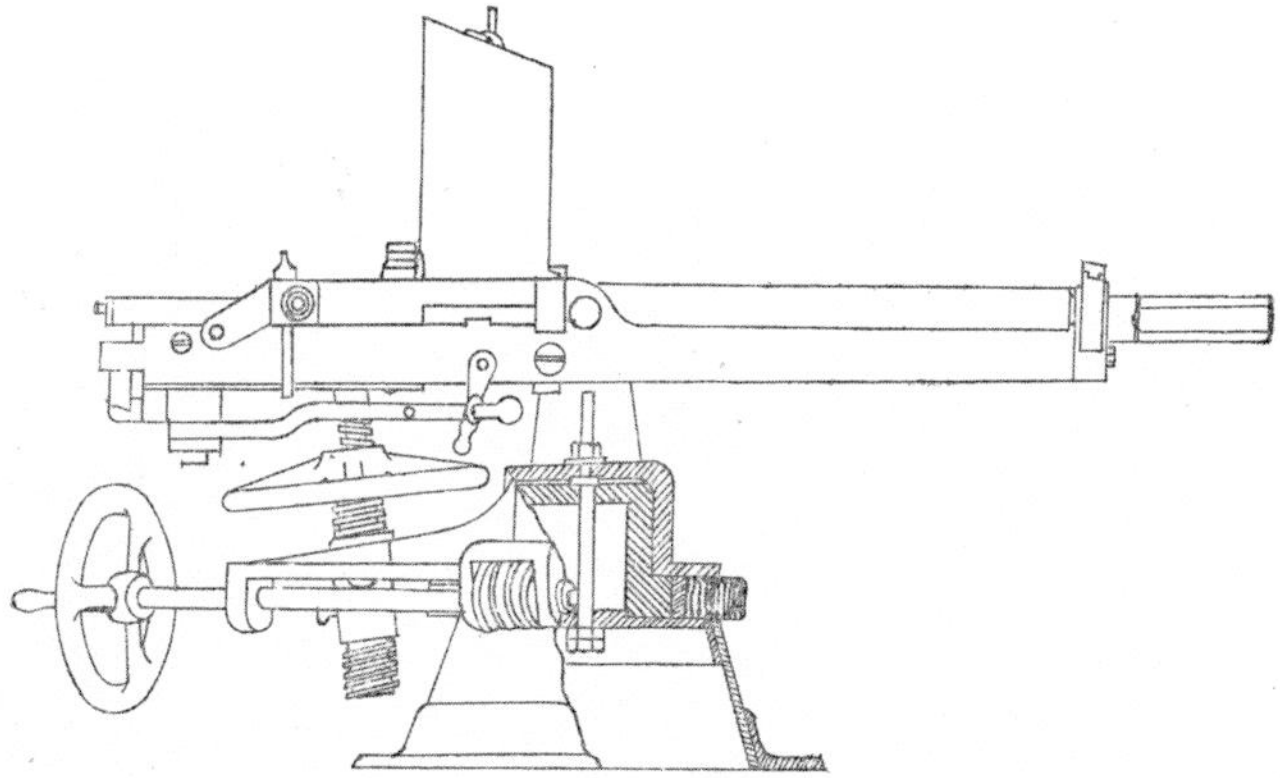

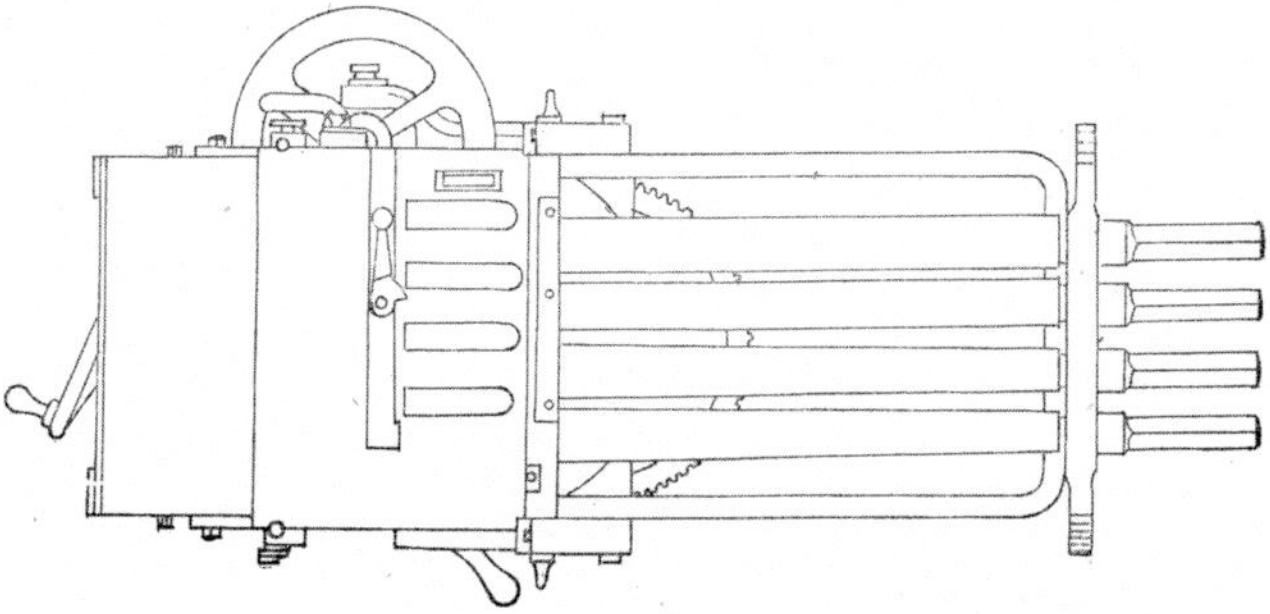

「ノルデンフィルト機関砲」。図は日本海軍で船舶搭載用に制式採用された4砲身タイプの「一尹（いちインチ）諾（ノル）典（デン）機砲（きほう）」。機関砲機関部右側にあるレバーを手動で前に進めると装填が行なわれ、手前に引くことで弾薬を発射する

機関砲の構造

「馬式機関砲」の構造は「砲車」と「機関砲」より構成されており、「砲車」は野砲の砲車同様に二輪の車輪を備えた「砲架」と「砲脚」に相当する射撃時に射手が跨る「椅筒」が付随している。

「機関砲」本体は機関部である「機匡」と「銃身」を被う「被筒」があり、「被筒」内部には銃身を包むように冷却水が収められる。

「馬式機関砲」を要塞内部の「防翳

舎」内部より射撃を行なう場合はあらかじめ「防楯」と「砲架」を取り外して、「防翳舎」内部に設置されている機関砲設置用の「托鉸《たっこう》」と呼ばれる射撃台座に「砲身」と「托架」をセッティングする。

日本海軍で使用中の「一尹諾典機砲」。「基筒式砲座」上に設置された機関砲を射撃中の状況

　野戦で射撃する場合は、「砲車」の「椅筒」の末端にある「架尾」の底にある「鉤爪」を地面に圧入して砲車を固定させてから射撃を行なうほか、「砲車」より車輪を外して地面に機関砲を据え付ける「依託射撃」と呼ばれる射撃方法がある。

　弾薬は口径八ミリの小銃実包が用いられており、射撃に際しては「弾薬箱」に収められた二百五十発の弾薬をはめ込んだ布製の「弾薬帯」と呼ばれる弾薬ベルトで供給された。

射撃方法

　射撃は、指揮官兼射手の「砲車長」一名と弾薬運搬を行なう「一番砲手」「二番砲手」の三名一組で行なわれる。砲口に被せられているカバーである「砲口覆」を取り外してから、あらかじめ「被筒」内部に「水袋」を用いて冷却水を入れるとともに、「砲車長」は「弾薬箱」の蓋を開いて「弾薬帯」の一端を「機匡」の装弾部分である「補給室」に左より装填して「槓桿」を二回連続して前方へ引いて弾薬を装填する。

　つづいて、「標尺」を起こして照準を行なってから「避害機」と呼ばれる安全装置を安全位置から射撃位置へ移動させてロックを解除するとともに、両手で「機匡」後端にある「握把（グリップ）」を握り、左右の母指で「押鉄」と呼ばれるトリガーを押して射撃を開始する。

「一番砲手」と「二番砲手」は「弾薬箱」の補充を行なう。

　射撃法は『並ニ打テ』と『速ク打テ』と『薙打』の三種類があった。『並ニ打テ』は約三秒間に五〜十発を発射する射撃で、『速ク打テ』は約十秒間に二十〜三十発を発射する射撃であり、敵の状況と戦況により射撃方法

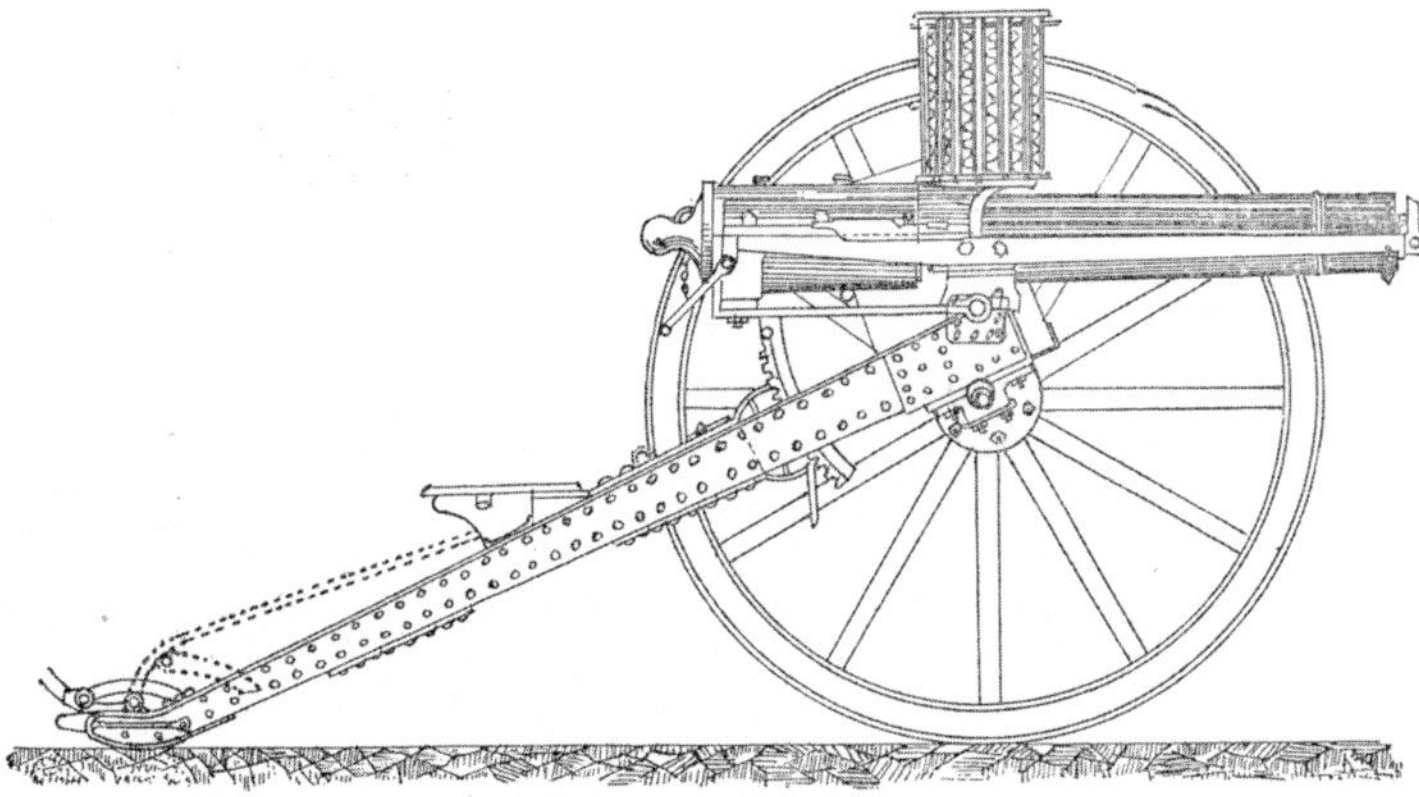

「ガトリング砲」の一例。図のタイプは機関砲機関部の右側面にある「転把」を手動で回転させることで、「弾倉」より回転式の砲身の薬室内に順次に実包が装填されるとともに、発射と薬莢の排出が行なわれる

「馬式機関砲」。陸軍初の制式機関砲として輸入された「マキシム一八八五年式機関砲」に付けられた名称であり、後に「村田連発銃」の実包が射撃できるように改良されている

が適宜に指示された。

『薙打』は敵散兵や騎兵の襲撃など広域な範囲に対しての散布射撃に用いられ、『左右ニ薙ゲ』られた。

「馬式機関砲」を野戦で用いる場合は、射手である「砲車長」一名と、「砲車」の人力牽引を行なう「一番砲手」「二番砲手」と、「弾薬車」の人力牽引を行なう「四番砲手」「五番砲手」の五名一組で運用された。

機関銃②

三脚上に機関砲本体を設置した「三脚式砲架」及び、野砲の砲車様に二つの車輪を持つ「装輪式砲架」の二タイプがあった「保式機関砲」及び、同機関砲の射撃方法・運用の仕方を紹介！

第14話

ホチキス機関砲

「ホチキス機関砲」は一八九〇年代後半に渡仏した米国人「ベンジャミン・ホチキス」が開発して「ホチキス製銃社」で製造が行なわれた。射撃時に発生するガス圧を利用して自動連発射撃ができる銃砲史上初のガス圧利用式の機関砲である。

「ホチキス機関砲」は砲身の下に「瓦《ガ》斯《ス》喞筒《そくとう》」と呼ばれるポンプがあり、発射ガスの一部がこのポンプ内を通過して機関部へガスの圧力を伝えて弾丸の連発を行なわせるシステムであり、発射速度は「瓦斯喞筒」尖端の「規正《きせい》子《し》」と呼ばれるネジを回してガス圧を変えることで調整した。

「マキシム機関砲」の反動利用と、「ホチキス機関砲」のガス圧利用による弾丸の自動発射は、その後の自動火器の連発機能の二大機構となる。当時の日本では、この反動ないしガス圧による連発を「連発原動力伝導」と呼んで、連発システム自体を「連発原動力伝導機構」と呼称していた。

「ホチキス機関砲」の砲身の冷却方式は「マキシム機関砲」の水冷式と異なり、空気による冷却を行なう「空冷式」と呼ばれるタイプであり、砲身上に空気との接地面を増やすことで放熱効率を向上させるための「放熱珠《ほうねつじゅ》」と

「保式機関砲」の原型となったフランスの「ホチキス製銃社」製の「一八九七年式機関砲」。口径は８ミリであり、「保弾版」には24発の弾薬をセットした

呼ばれる算盤球のような襞が五個取り付けられていた。

また、「ホチキス機関砲」の弾薬の給弾方式は「マキシム機関砲」のようなベルトタイプの「弾薬帯」ではなく、金属プレートにはめ込んだ八ミリ実包二十四発を機関砲機関部の左側面から挿入する「保弾板《ほだんばん》」と呼ばれるシステムが採用されていた。

この「ホチキス機関砲」は明治三十年（一八九七年）にフランス陸軍に「ホチキス一八九七年式機関砲」として制式採用されている。

保式機関砲

「保式機関砲」は陸軍がフランスより製造権を購入した「ホチキス製銃社」製の「ホチキス一八九七年式機関砲」に付けた呼称であり、「ホチキス式」に対して「保式」の読みを冠している。

陸軍は明治三十一年（一八九七年）にフランスより最新式の「ホチキス一八九七年式機関砲」四門を試験購入しており、陸軍は「ホチキス製銃社」に対して従来の口径八ミリより「三十年式歩兵銃」の実包が使用可能なように口径六・五ミリに改良した試作砲五門を追加発注している。

明治三十四年になると陸軍は「ホチキス製銃社」より「ホチキス一八九七年式機関砲」の製造権を買い取り、翌

「装輪式砲架」タイプの「保式機関砲」。初期の機関砲は、火砲の延長として砲兵が運用を行なった

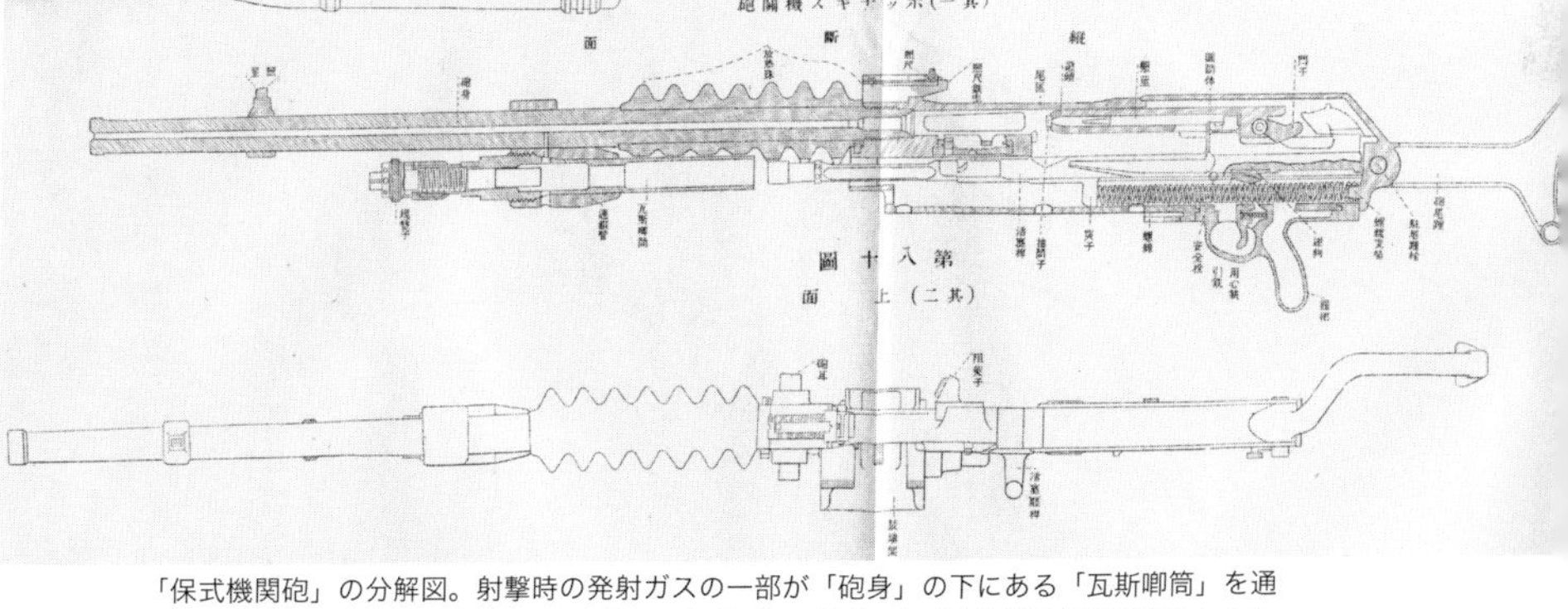

「保式機関砲」の分解図。射撃時の発射ガスの一部が「砲身」の下にある「瓦斯喞筒」を通じて機関部に入り、機関部内でそのガス圧を利用して薬莢の排出と次弾の装填が行なわれた

三十五年には「保式機関砲」の名称で陸軍の制式機関砲に制定すると量産を開始しており、明治三十六年になると今まではフランスからの輸入に頼っていた「保弾板」の国内生産も開始された。

「保式機関砲」は初速六百九十七メートル、最大射程二千メートル、最大発射速度毎分六百発であった。

　オリジナルの「ホチキス一八九七年式機関砲」と日本で生産された「保式機関砲」との相違点は、口径が「三十年式歩兵銃」の実包を用いるため八ミリより六・五ミリに変更されたほか、「保弾板」の装弾数が二十四発から三十発なったことと、砲身の冷却効率向上のために「放熱珠」が五個より七個に増加された三点が挙げられる。

　なお「保弾板」一枚は「連」と呼ばれ、射撃に際しては「〇連」と発射数を指示した。

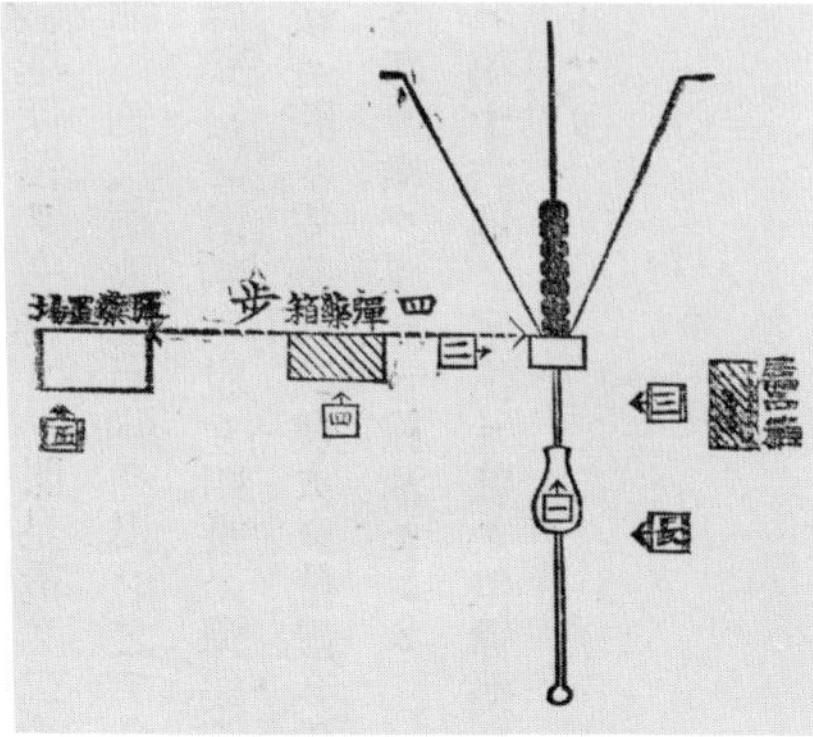

「保式機関砲」の射撃時の「砲長」と５名の「砲手」の位置図

三脚式砲架と装輪式砲架

「保式機関砲」には、三脚上に機関砲本体を設置した「三脚式砲架」と、野砲の砲車同様に二つの車輪を持つ「装輪式砲架」の二タイプがある。

「三脚式砲架」タイプは前脚二本、後脚一本の三脚上に機関砲が設置されており、後脚上には自転車のサドルに酷似した射手が座る「鞍座」と呼ばれる椅子が付随している。

　短距離の移動の場合は兵員二名で三脚の前部と後部を持つか、分解して砲と三脚を一名ずつで担いで移動して、長距離移動の場合には「駄馬」が用いられた。

　機関砲を搭載する「砲馬」の駄鞍には分解した砲と三脚と手入具や予備品を収めた「属品箱」一個を搭載するほか、弾薬は六百発入り「弾薬箱」四個を「弾薬馬」の駄鞍に四個宛（合計二千四百発）を載せる。

「装輪式砲架」タイプは、二輪式砲車の上に機関砲を搭載した「砲車」と、弾薬箱を搭載した「前車」と呼ばれる「弾薬車」が一組となっていた。

「砲車」には一メートル四方の厚さ八ミリの防楯付が付けられているほか、六〇〇発入りの弾薬箱二個が搭載されており、火砲の砲尾に相当する「善材」には射手が座る「鞍座」が付けられている。「弾薬車」には、「属品箱」一個と「弾薬箱」四個を搭載する。

　移動に際しては、「砲車」に「前車」を連結してから「前車」に付属している「轅木」と呼ばれるT字型の牽引取手を「砲手」二名にて人力牽引で運搬した。

明治期後半に内地で訓練中の「保式機関砲」を装備した「機関砲隊」

同じく明治期後半に内地で訓練中の「機関砲隊」。日露戦争後の撮影であり「歩兵聯隊」隷下に編成された「機関砲隊」に配備された「保式機関砲」の状況。三脚上の機関砲の取付基部には「防楯」を取り付けるためのスリットが見られる

射撃方法

射撃の場合、機関砲一門につき射撃指揮官である「砲長」一名と「砲手」五名が付いて、「砲長」の「射撃用意」の号令で、「一番砲手」は機関部の装填架にかかっている「装填架被」と呼ばれるカバーを外し、「二番砲手」は照星にかかる「照星覆」を外し、「三番砲手」は「規正子」を調整するとともに二つのカバーを「属品箱」に収める。「四番砲手」と「五番砲手」は「弾薬箱」の準備を行なう。

つづいて、「一番砲手」は「座鞍」に座るとともに、安全装置である「安全機」を発射位置にするとともに、「砲長」は各部の点検と要部に塗油を行なった。

弾薬の装填は、機関砲機関部左側の装填架より「保弾板」をセットし、「槓桿」を引いて弾薬を装填してから、「引鉄」を引いて射撃を行なった。

射撃方法は二種類あり、目標の指示につづいて「撃ちかかれ」ないしは射撃連数を示した「何連撃ちかかれ」の射撃指揮後の射撃ないし、「薙射」があった。

機関砲隊

「日露戦争」の開戦に先がけて陸軍は明治三十七年三月に「機関砲隊」の編成に着手しており、最新式の「保式機関砲」の生産を加速させるとともに、陸軍は要塞兵器として保管中の百八十四門の「馬式機関砲」の整備・改修に着手している。

装備する「機関砲」は新型の「保式機関砲」と予備兵器として保管されている「馬式機関砲」であり、いずれも「砲車」形式の

機関砲隊編制

機関砲隊本部		隊　長　1名	
第一小隊	小隊本部	小隊長　1名 銃工長　1名 職　工　1名	
	第一分隊	下士官　1名 兵　卒　10名	機関砲　2門 弾薬車　2両
	第二分隊	下士官　1名 兵　卒　10名	機関砲　2門 弾薬車　2両
	第三分隊	下士官　1名 兵　卒　10名	機関砲　2門 弾薬車　2両
第二小隊	小隊本部	小隊長　1名 銃工長　1名 職　工　1名	
	第一分隊	下士官　1名 兵　卒　10名	機関砲　2門 弾薬車　2両
	第二分隊	下士官　1名 兵　卒　10名	機関砲　2門 弾薬車　2両
	第三分隊	下士官　1名 兵　卒　10名	機関砲　2門 弾薬車　2両
第三小隊	小隊本部	小隊長　1名 銃工長　1名 職　工　1名	
	第一分隊	下士官　1名 兵　卒　10名	機関砲　2門 弾薬車　2両
	第二分隊	下士官　1名 兵　卒　10名	機関砲　2門 弾薬車　2両
	第三分隊	下士官　1名 兵　卒　10名	機関砲　2門 弾薬車　2両
第四小隊	小隊本部	小隊長　1名 銃工長　1名 職　工　1名	
	第一分隊	下士官　1名 兵　卒　10名	機関砲　2門 弾薬車　2両
	第二分隊	下士官　1名 兵　卒　10名	機関砲　2門 弾薬車　2両
	第三分隊	下士官　1名 兵　卒　10名	機関砲　2門 弾薬車　2両

「装輪式機関砲」と「弾薬車」がペアとなるタイプであった。

戦時編成の「機関砲隊」の編成は、当初の構想では「機関砲」六門を装備する三個小隊編成（各小隊は機関砲二門を装備）の「機関砲隊」八隊を編成する予定であった。

実際の編成では、「機関砲隊」は二隊の編成となり、各「機関砲隊」は「機関砲」六門を装備する四個「小隊」編制（合計二十四門）となり、各「小隊」は「機関砲」二門、「弾薬車」二両を装備する分隊三個より編制されることとなり、「東京湾要塞砲兵聯隊」より要員が抽出された。「機関砲隊」の編成は右表のように、隊長が「大尉」、小隊長は「中尉」ないし「少尉」、「機関砲」二門、「弾薬車」二両を装備する各分隊は下士官の「分隊長」一名と兵卒十名で編成されており、将校以下百四十五名の編成であった。

また、「機関砲隊」は配属先の部隊より給与を受けるため固有の「行李」は附属しておらず、予備の「弾薬車」と予備部品を搭載した「予備品車」の牽引に必要な要員は、戦時に際して予備役で編成される「臨時歩兵隊」より派遣された。

同年三月に「第一師団」隷下で「第一機関砲隊」と「第二機関砲隊」の二隊が編成され、各隊は「第一師団」と「第三師団」に配属されて実戦に参加した。

この「機関砲隊」は師団隷下の四つの「歩兵聯隊」に一個小隊ずつが分配され、各聯隊隷下の「歩兵大隊」に機関砲二門を装備した一個「機関砲分隊」が配属された。

日露戦争後に訓練中の「騎兵機関砲隊」。「保式機関砲」を装備し、2門で「機関砲小隊」を編成しており、写真後方には「小隊長」がみられる。各下士官兵は「三十年式騎銃」を背負い、「三十二年式軍刀-甲」を装備している

機関銃③

騎兵専用である馬匹牽引タイプの「繋駕式機関砲」及び、「保式機関砲」をベースにして新たに開発された「三八式機関銃」、そして、一名での運用が可能な「軽量機関砲」「軽便機関砲」を紹介！

第15話

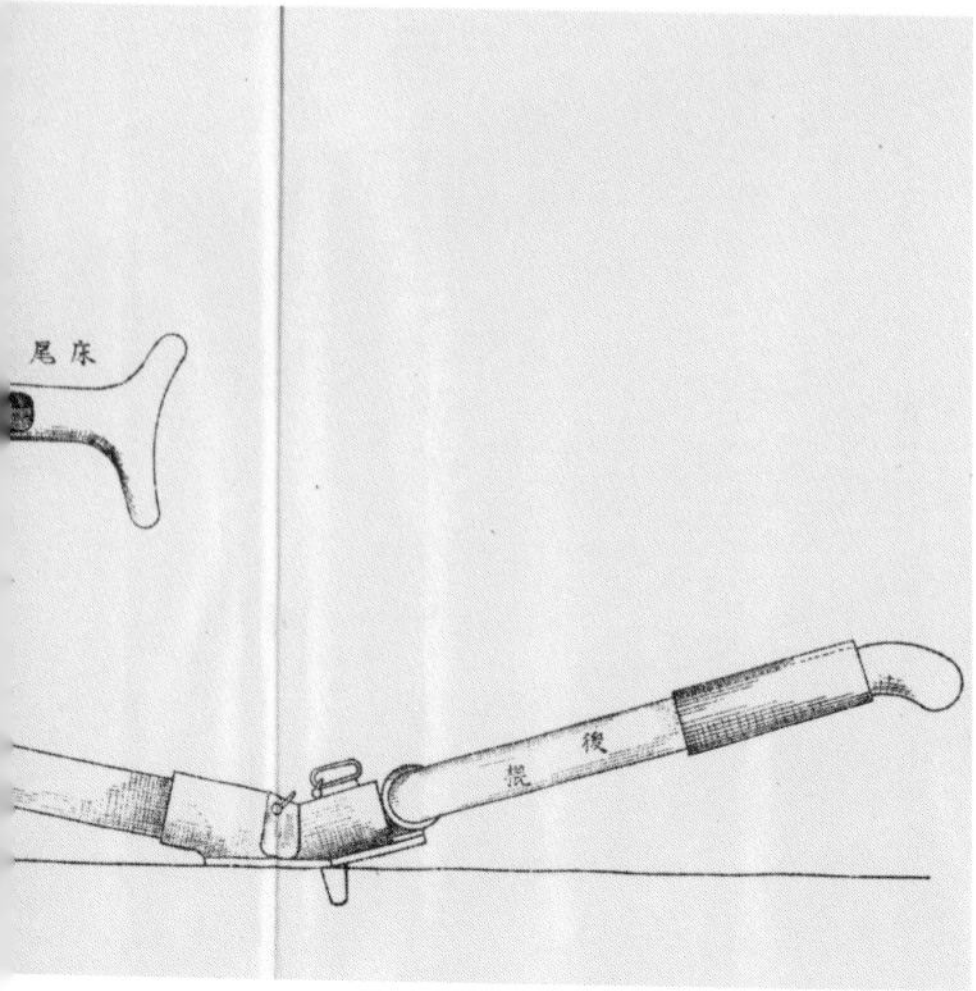

繋駕《けいが》式機関砲

日露戦争で多用された「保式機関砲」は、開戦当初は砲兵の砲車同様に車輪を装備した「装輪式砲架」タイプが多用されていたが戦場での車輪移動は地形的な障害が多く、「機関砲」の主流は分解して「駄馬」に搭載することにより迅速な移動が可能な「三脚式砲架」タイプとなった。

また戦局の推移とともに、「第一師団」と「第三師団」以外の部隊にも多くの「機関砲隊」が編制されたほか、ロシア軍サイドより鹵獲した「マキシム機関砲」を「鹵獲馬式機関砲」の呼称で部隊に再配備して使用している。

「三八式機関銃」。三脚部分が後期型の改正脚を装備したタイプ

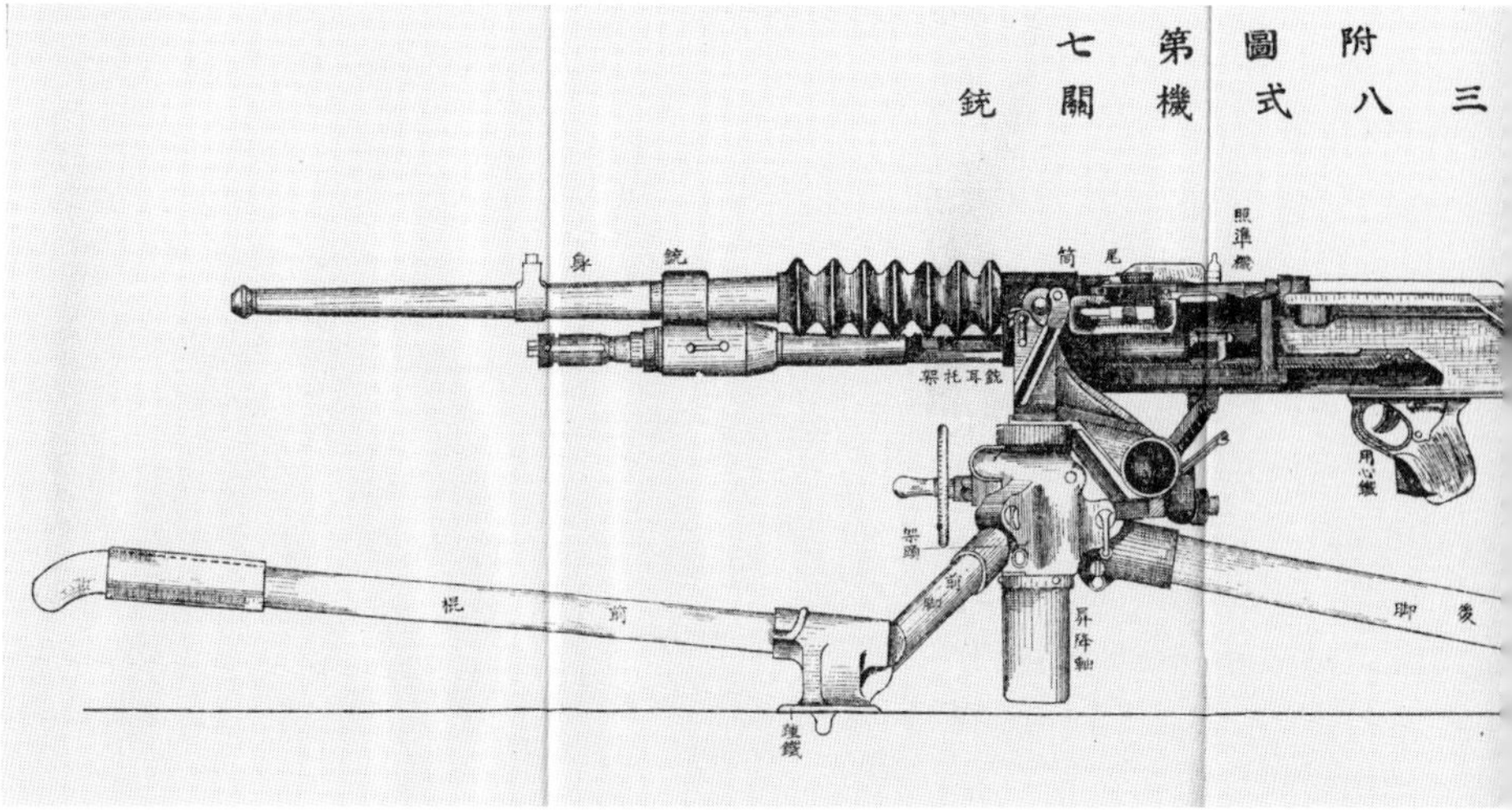

「三八式機関銃」

歩兵支援以外の用途として「保式機関砲」の特異な事例では、当時の唯一無二の機動兵力であった騎兵専用である馬匹牽引タイプの「繋駕《けいが》式《しき》機関砲」がある。

この「繋駕式機関砲」は明治三十五年に試作が行なわれた機関砲であり、二輪式の砲車に「保式機関砲」を搭載するとともに、「前車」と呼ばれる二輪式の「弾薬車」を連結して四頭の馬匹で牽引する騎兵専用の機動力に優れた機関砲であった。また、この機関砲一組に対して「前車」と「後車」と呼ばれる弾薬車二両を連結した弾薬車二組が付随している。

「日露戦争」では二つの「騎兵旅団」に配属するために、明治三十七年四月に第一繋駕式機関砲隊」と「第二繋駕式機関砲隊」の二隊の「繋駕式機関砲隊」が編成されて戦闘に参加している。

なお、明治三十七年後半になるとより迅速な機動を目的として、馬匹一頭での輓曳が可能である軽量な「軽繋駕《けいけいが》式機《しきき》関砲《かんほう》」が開発されて「繋駕式機関砲隊」に配備されている。

三八式機関銃

「三八式機関銃」は、「日露戦争」後に戦訓を踏まえて「保式機関砲」をベースにして新たに開発された機関銃であり、明治四十年六月に「三八式機関銃」の名称で制式採用された。

「機関砲」と「機関銃」の呼称の相違であるが、これは明治四十年六月の時点で陸軍は兵器名称の改正を行なっており、従来の「機関砲」の呼称に対して、新たに口径十一ミリ以上を「機関砲」と呼び、十一ミリ未満を「機関銃」と呼称するように改正された。

なお、「機関砲」と「機関銃」の呼称区分は後の昭和十一年一月になると

明治期後半に内地で訓練中の「騎兵旅団」配属の「三八式機関銃」装備の「機関砲隊」

制定された各兵器により呼称を定めるように改正された。

新型機関銃の開発は日露戦争終結後に、弾薬を基幹小銃と同一にした「小銃口径機関砲」の名称で開発が開始されており、機関銃脚部の形態は日露戦争の戦訓から明治四十年二月の時点で馬匹ないし人力牽引の車輪タイプの「装輪式」より、峻険地と隘路機動に優れた「駄馬」ないし人力による膂力搬送が可能な「三脚式」が主流となっていた。

この新機関銃には当初、「三八式三脚架機関砲」の名称が付けられており、その後は明治四十年六月の兵器名称の改正により「三八式三脚架機関銃」の呼称を経て、制式化にともない「三八式機関銃」の制式名称を冠している。

三八式機関銃の特徴

「銃」と「三脚」より構成される「三八式機関銃」と、既存の「保式機関砲」との相違点は以下の五点である。

一．油壷を附着して薬莢に塗油し、以て抽筒を容易にし、かつ機関部を円滑にす。

二．薬室後部の弾頭滑走部を改正し、突堤を設けて弾頭の変位を防止し、其の装填を確実にす。

三．抽筒子及び円筒を改良し之を堅牢にす。

四．安全装置を改良し、活塞を堅牢にす。

五．射手常に引鉄を曳かざるも連続し得る如き特別の装置を設く。

一～三は、弾薬の装填不良の改善を目的としたものであり、実包の装填と

大正初期に訓練中の「三八式機関銃」。「改正脚」を付けた後期型モデルであり、「膂力搬送」用に「前脚」に取り付けた「前棍」が見えるほか、「弾薬箱甲」より取り出した「紙函」に入った状態の「保弾板」が見られる

薬莢の排出を確実にするために「油壷」を設置して装填する実包に塗油を行ない潤滑と焼付防止をほどこすとともに、薬室形状と抽筒子（エジェクター）等が改良されている。

四は、安全装置として「引鉄（引金）」基部に直角に作動する「安全栓」と呼ばれるレバータイプの安全装置を設けるとともに、銃身下の「活塞（ピストン）」の強度を増している。

五は、「用心金（トリガーガード）」にある「連発桿」と呼ばれる溝に「引鉄（トリガー）」を引っ掛けることで、射手が引き金を引きつづけなくても連続射撃が可能な装置を付けたことであった。また、引金を根元まで引き切らずに中間位置まで軽く引くことで単発射撃も可能であった。

射撃に際しては銃機関部左側にある「柄桿」を引いて弾薬を装填してから、引鉄を引いて発射するスタイルであり、使用弾薬は新歩兵銃である「三八式歩兵銃」の弾薬と共通で、給弾方式は三十発の「保弾板」を用いるスタイルであった。

また「保弾板」は防湿・防塵の目的で寒冷紗を張って補強された「紙函」に収められており、装填に際しては「紙函」の剥離部分を剥いて右端部分を取りさって「保弾板」を箱に入れたままの状態で装填した。

照準に用いる「表尺」の距離は二百メートルより二千二百メートルであり、銃身下の「瓦斯唧筒」の先端にある「規整子」を調整することで発射速度を調整することができ、熟練した射手による最大射撃速度は毎分六百発であった。

三脚

「三脚」は二タイプあり、初期タイプは「保式機関砲」と同型の二本の「前脚」と一本の「後脚」があり「後脚」には射手が座る「鞍座」が付いているほか、三脚上部にある「銃耳託架」と呼ばれる機関銃本体の取付基部の側面には「防楯」を取り付けるスリットが設けられている。

後期型三脚は日本独自に開発された三脚であり、「銃耳託架」「昇降軸」「架頭」と二本の「前脚」と一本の「後脚」より構成されていた。

後期型三脚の最大の特徴は「昇降軸」と呼ばれる軸を回転ハンドルの操作により上下させることで銃の位置を「伏射」から「膝射」の位置まで自在に変更が可能なことと、戦闘時の「脊力搬送」と呼ばれる人力移動の際に便利なように、二本の「前脚」と一本の「後脚」にそれぞれ「前梶」と「後梶」と呼ばれるキャリングハンドルを差し込むことができる点であった。

初期タイプの三脚は射撃姿勢の変更に際しては脚の角度を変えることで対応していたが、伏射に際しては「後脚」が射手の身体に干渉して射撃姿勢をとりづらい問題が後期型三脚では改正されるようになった。

この後期型三脚は「改正脚」とも呼ばれ、後期型制定後には既存の初期タイプの三脚は適宜に「改正脚」に改造された。

「機関銃」の移動に際しては、銃と三脚に分解して「銃馬」と呼ばれる「駄馬」へ「三八式機関銃駄鞍」と呼ばれる専用の「駄鞍」に駄載する。

弾薬を収める「弾薬箱」は歩兵用・騎兵用ともに六百発（保弾板二十連）の弾薬を収納して「弾薬馬」の駄鞍に駄載した。

携帯機関銃と軽機関銃

「金属製薬莢」の登場と併せて誕生した連発式の「機関砲」の出現により、兵器界では軽量かつ兵員一名での運用が可能な「軽量機関砲」「軽便機関砲」と、兵員個人の持つ「小銃」を連続発射が可能な「自動小銃」の開発・研究が開始された。

これら自動兵器研究の試行錯誤が行なわれるなか、一九〇二年になると、欧州は「デンマーク」の銃器メーカー「マドセン製銃社」が自動装填式の「自動小銃」の延長として、兵員一名での携行が可能な機関砲である「一九〇二年式マドセン機関砲」を開発している。

この「一九〇二年式マドセン機関砲」の連発システムは、米国製連発銃である「マルチニー銃」の「槓桿（アンダーレバー）」を操作することによる「底碪式」の手動式連続発射機構を、手動ではなく発射時の反動を利用した「連発原動力伝導」を用いたシステムであった。

銃身の冷却方法は「空冷式」で銃身の周囲には「放熱筒」と呼ばれる金属製の放熱カバーで覆われており、射撃に際してはかさばる「三脚」を用いずに「放熱筒」下部に取り付けられた「支脚」と呼ばれる起倒式の二本のスタンドを起こして銃を地面に託すとともに、射手は伏射の姿勢での射撃を行なった。

この「一九〇二年式マドセン機関砲」はロシア軍がデンマークより一千挺を購入して「日露戦争」に投入しており、これを鹵獲した日本陸軍では「マドセン携帯機関砲」の名称で呼ばれている。

明治四十年以降は「マドセン携帯機関砲」は「マドセン携帯機関銃」と改称されたほか、従来の「機関銃」に替わり兵員一名での携帯が可能なことから「軽機関銃」とも呼称されており、後の陸軍での「軽機関銃」研究の嚆矢となっている。

また、日本初の試作軽機関銃として明治四十一年になると、「三八式機関銃」の各部を削っての重量軽減とともに寸法を縮めて軽量化した「軽機関銃」と呼ばれた兵器の試作が行なわれている。

大正期に入ると「三八式機関銃」の後継である「三年式機関銃」を軽量化した「試製軽量機関銃」が試作されており、この「試製軽量機関銃」と海外情報を元として各種の国産軽機関銃が試作された。

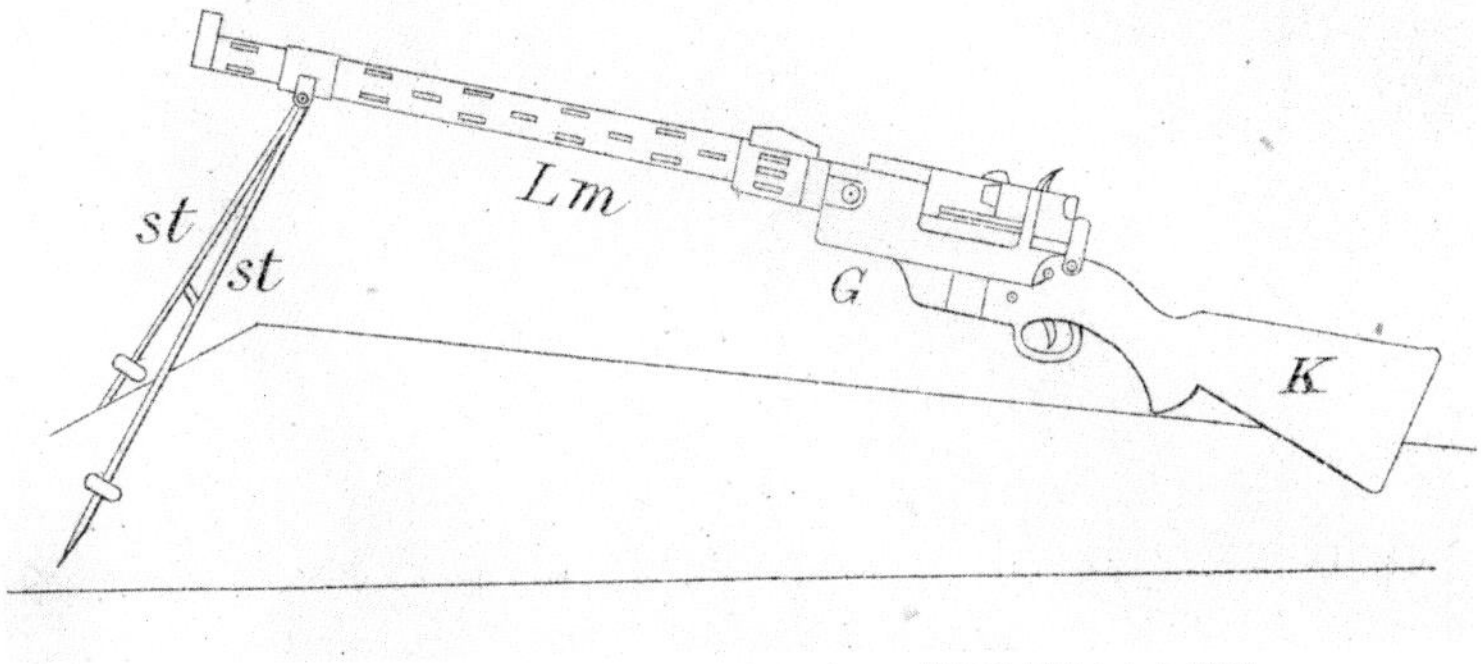

「一九〇二年式マドセン機関銃」。兵員１名での携帯を目的とした機関銃で初期には「軽機関銃」ではなく「携帯機関銃」の名称で呼ばれた

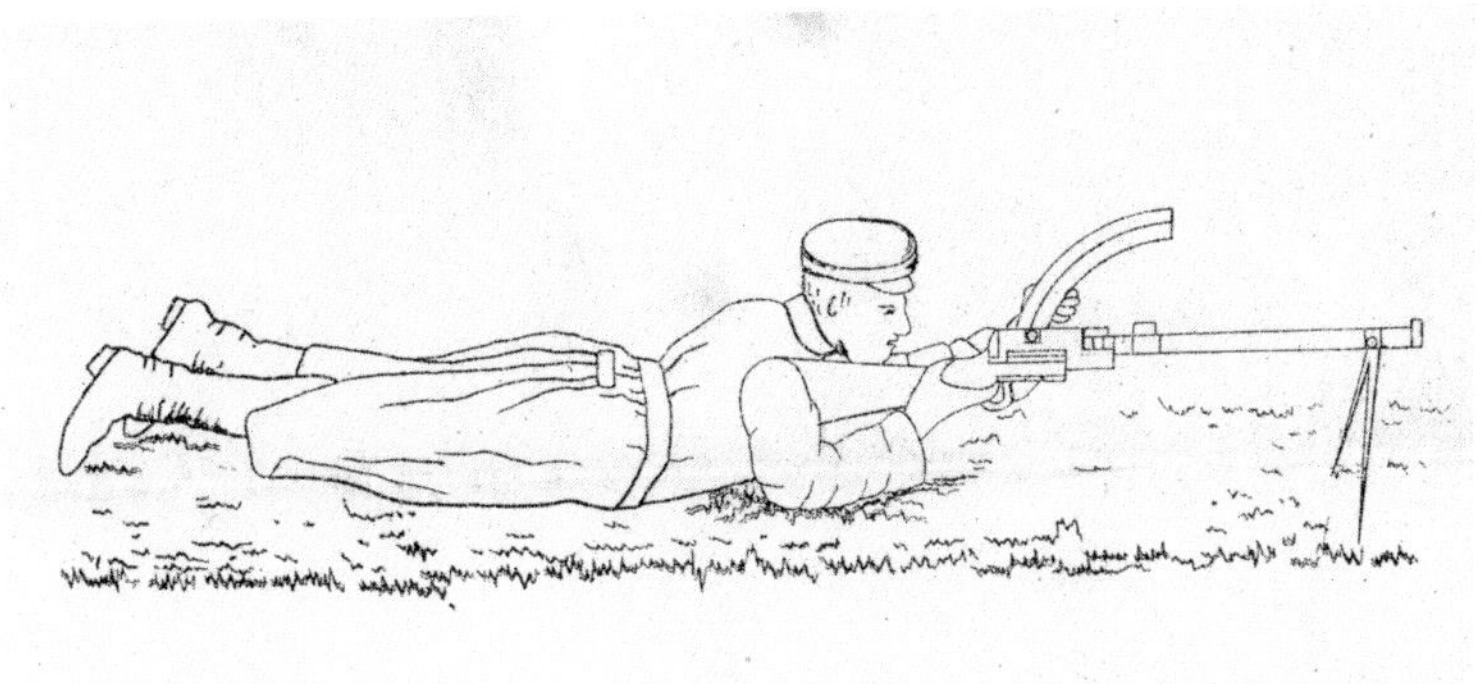
「一九〇二年式マドセン機関銃」の射撃姿勢。銃身下の「支脚」と呼ばれるスタンドを立てて伏射での射撃を行なう。射撃姿勢にはこのほかに樹木や建築物に銃身を託して射撃する「依託射撃」や、兵員の腰で銃を支えて射撃する「腰溜射撃」等がある

日露戦争下の明治37年７月25日に旅順で撮影された堡塁内の「保式機関砲」

有名ナル劔山大攻撃ノ際南部王家屯附近
一臺ハ今發射

こは弾薬箱が集積されているほか、射手・弾薬手ともに自衛のため「三十年式歩兵銃」を背負っている

日露戦争下の明治37年に、旅順の剣山で撮影の「保式機関砲」。２門の小隊編成で敵前に展開しており、

拳銃①

明治初期の陸軍が保有していた「輪胴（回転）式拳銃」、そして、米国「スミス・エッスン製銃社」より輸入した、下士官兵用拳銃である「スミス・エッスン拳銃」の紹介！

第16話

拳銃の出現

欧州より日本への「火縄銃」の伝来と普及に併せて、「火縄銃」にも馬上射撃を顧慮して銃身を短くした後の「騎兵銃」の前身となる「馬上筒」や「馬銃」が生まれるとともに、近接戦闘と自衛用にさらに銃身を切り詰めた短銃身の「短筒」が派生して出現した。

この「火縄銃」から端を発した「馬上筒」や「短筒」の登場は、欧州では自然的な進化と発生があるが、日本でも同じく「和筒」のカテゴリーの中で進化がとげられていき、撃発システムも初期の「火縄式」から「燧石式」を経て「雷管式」となっている。

日本の国産拳銃としては、伝来の「火縄銃」の短銃身モデルである「短筒」があり撃発方式は「火縄式」「燧石式」「雷管式」の三種類が存在したほか、幕末には欧米の回転式拳銃の模倣生産品も存在した。

幕末期の拳銃の多くは欧米より輸入された護身用の小型拳銃が多いものの、戦闘用として大型の軍用拳銃も輸入されていた。

各藩や個人が輸入していた欧米製の軍用拳銃の一例を示せば、米国では「コルト製銃社」製の「コルト一八四八年式拳銃」「コ

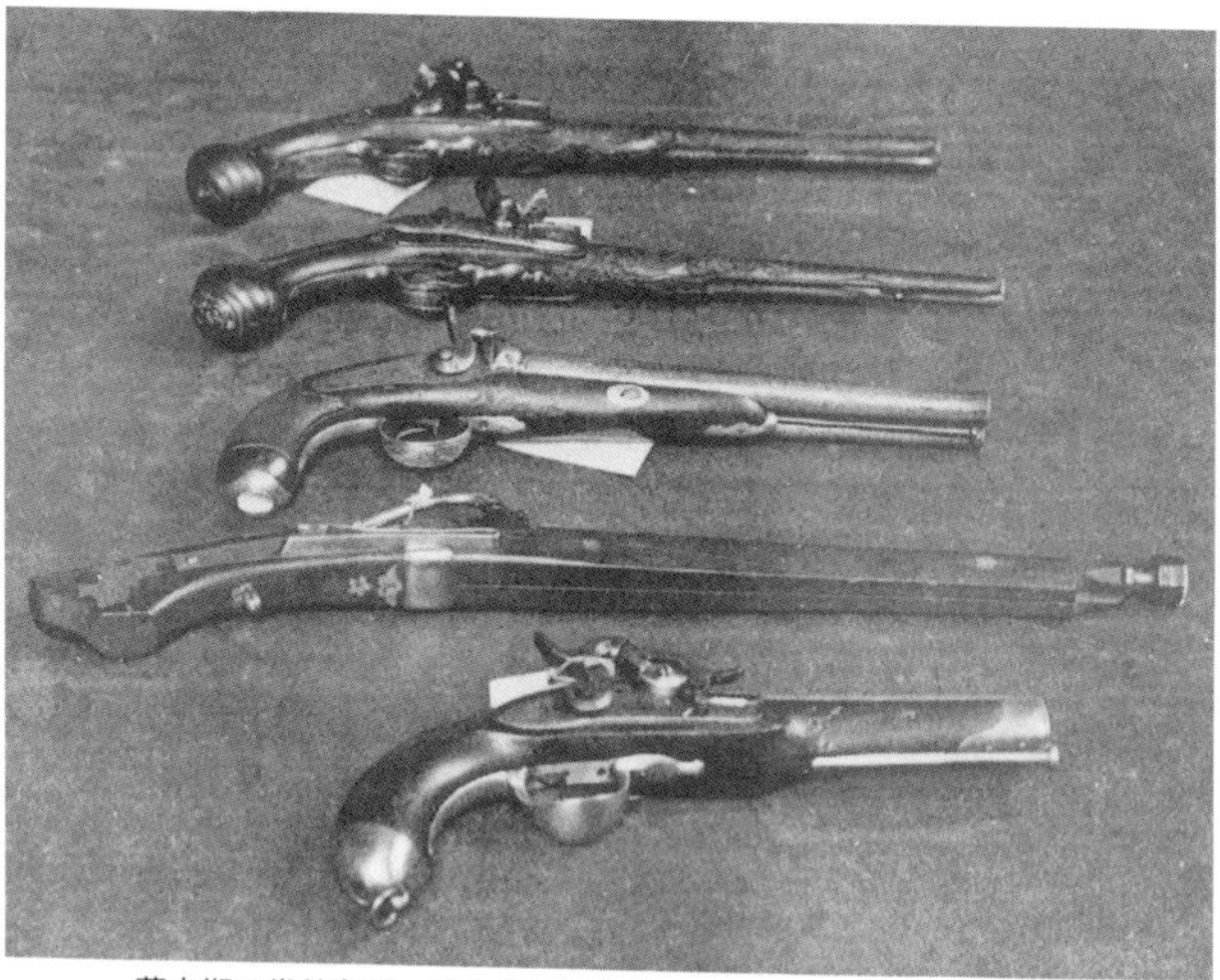

幕末期の拳銃各種。輸入銃と国産銃と模倣生産銃が混在している

ルト一八五一年式拳銃」「コルト一八六〇年式拳銃」や「レミントン製銃社」の「レミントン一八五八年式拳銃」があった。

フランス製では「ルフォショー製銃社」の「仏国一八五四年式拳銃」や「ルマット拳銃」等があり、英国製では「アダムス兄弟製銃社」の「英國一八五一年式拳銃」と、「英國一八五一

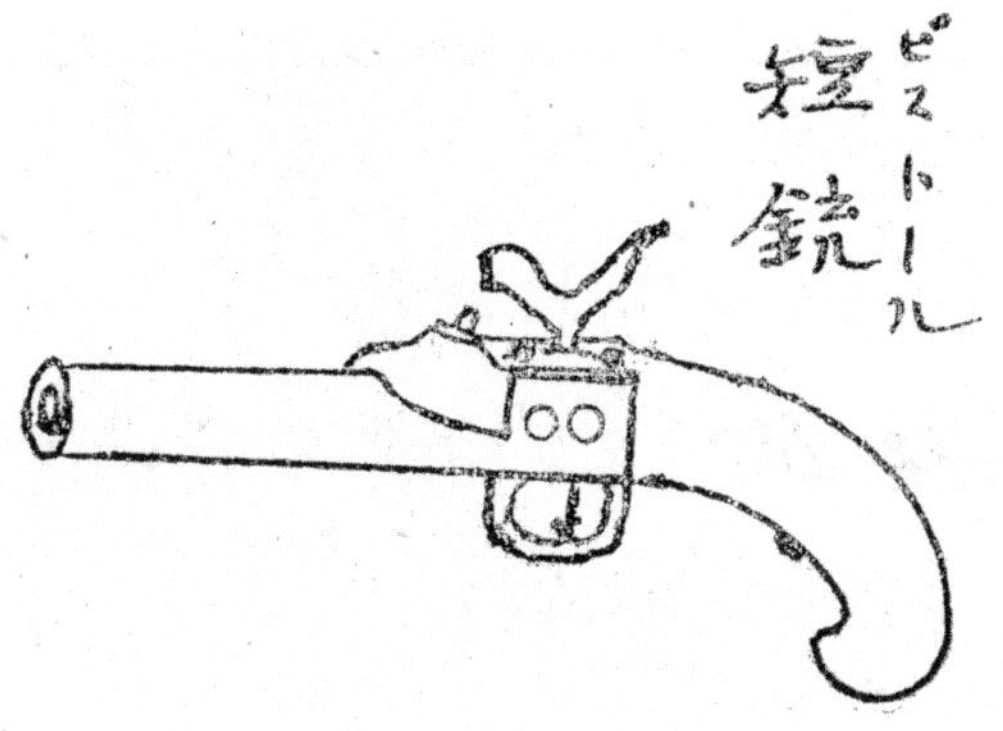

幕末に佐賀藩が模倣生産した「短銃」であり、「ピストール」と呼ばれた前装式単発の雷管銃である

年式拳銃」をベースに英国軍制式拳銃となった「英國一八五四年式拳銃」と改良型の「英國一八五六年式拳銃」等が挙げられる。

明治初期の拳銃

建軍時の陸軍の装備する拳銃は「幕府陸軍」より引き継いだものであり、

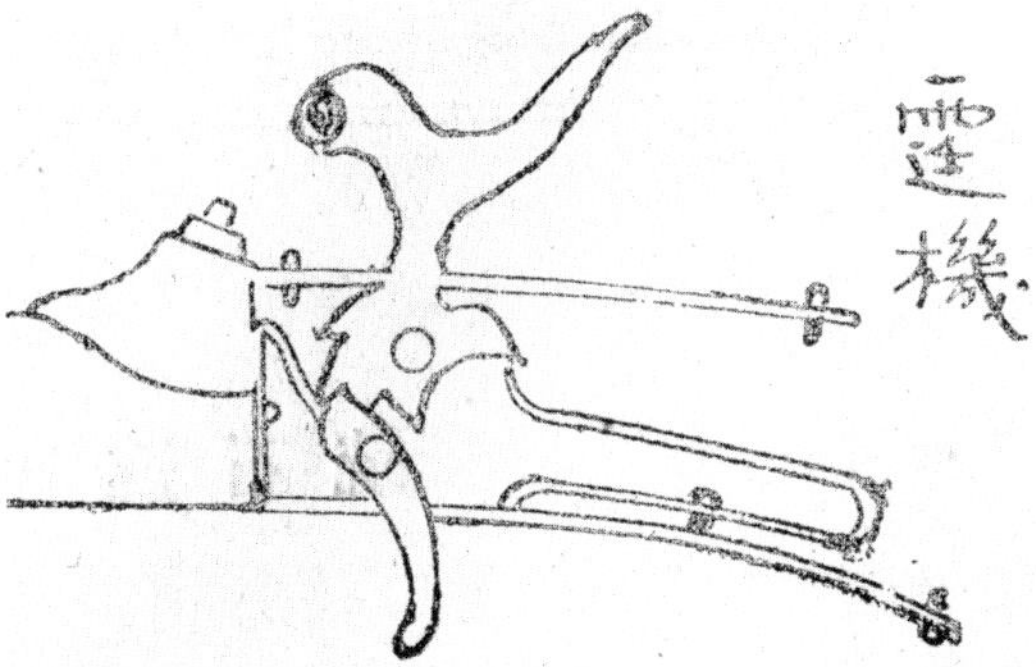

幕末に佐賀藩が模倣生産した「短銃（ピストール）」の「からくり」と呼ばれた機関部のうちで、「雷管」を用いる撃発機構は「雷管」による発射音を「雷（かみなり）」の別読である『いかずち』と掛けて「霆機」とも呼ばれていた。「霆機」の読みは『ていき』ないし『いかづちき』であった。この「霆機」は「撃鉄（ハンマー）」は図からも見られるように、半分だけ起こして装填と雷管装着時に行なうセーフティーを兼ねた「安寧段（ハーフコック）」と、射撃時に完全に起こす「射撃段（フルコック）」の２段式となっている

口径や形状の異なる多種多様の拳銃が存在していた。

この時期の拳銃は全てが「輪胴（回転）式拳銃」と呼ばれる五〜十発の弾薬を装填する「弾巣」と呼ばれる回転式の弾倉を備えた「拳銃」であり、武器名称としてはまだ「拳銃」の呼称は用いられず「ピストル」ないし「ピストル銃」等と呼ばれており、銃の撃発システムにより「雷管式（パッカーション式）」「蟹目打式（ピンファイア式）」「針打（撃針）式（ファイアリング・ピン式）」の三種類が存在した。

陸軍の兵器管理を行なっていた「武庫司」は、これら多種多様な拳銃のうち、「和銃」と「単発銃」を除いた回転式拳銃の中から、軍用として使用に耐えられるものを口径別に「一番形」「二番形」「三番形」の三種類に分類するとともに、

再整備を行ない陸軍に配布している。

これらの拳銃は撃発システムと口径を組み合わせて、「蟹目打式二番形ピストル」「針打式三番形ピストル」等の名称で呼ばれ、「雷管式」と「蟹目打式」の拳銃の中で改造が可能な銃は「針打（撃針）式」への改修が行なわれた。

再分類と再整備の行なわれた拳銃は、拳銃を携帯する下士官兵用の制式兵器とした官給兵器の扱いであり、将校で拳銃を用いる者は「銃砲店」での私物としての自弁調達を行なった。

回転拳銃の形態

明治初期の陸軍が保有していた「回転式弾倉」を備えた「輪胴（回転）式拳銃」の機構には、前述のように「雷管式」「蟹目打式」「針打（撃針）式」の三種類があるが、時代の移行とともに明治十年後期ころから属製薬莢の中でも「辺縁打撃式実包（リムファイアー・カートリッジ）」と「中心打撃式実包（センターファイアー・カートリッジ）」の普及により、「針打（撃針）式」が主流となっていた。

「上打銃」と「引落銃」

「輪胴（回転）式拳銃」の射撃機構には、「上打《あげうち》銃」と「引落《ひきおとし》銃」の二種類があった。

「上打銃」は「シングルアクション」の和訳であり、射撃に際して「撃鉄（ハンマー）」を右手親指で起こして「弾巣」を回転させてから「引金」を引いて弾薬を発射するシステムであり、この動作の繰り返しで「弾巣」にある弾薬を打ちきるまで連続射撃が可能であった。

この「上打銃」の「撃鉄」は、「装填」時や「撃鉄」を起こす時の暴発防止を目的としてセーフティーを兼ねた、「撃鉄」を半分だけ起こす「安寧段（ハーフコック）」と、射撃時に「撃

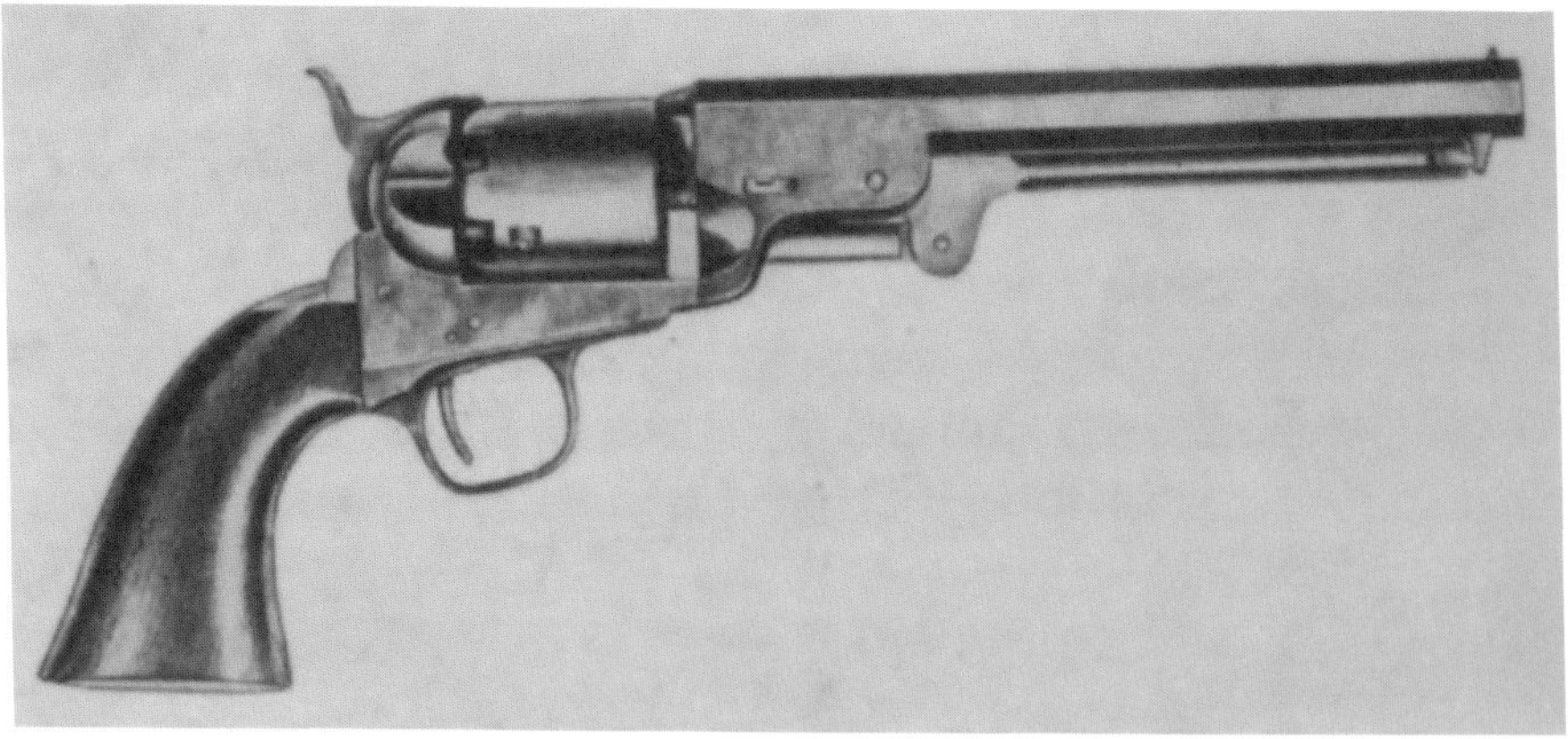

「コルト製銃社」製の「コルト一八五一年式拳銃」。幕末期に日本にも少数が輸入された雷管式の回転拳銃。従来の前装式短筒に比べて、発射速度と輪胴内に複数の弾薬を擁する回転拳銃の近接戦闘での威力は高いものであった

鉄」を完全に起こす「射撃段（フルコック）」の二段式となっている。

　このため多くの「上打銃」は、「撃鉄」を「安寧段」にすると「弾巣」の「弾巣（輪胴）固縛（シリンダーロック）」が外れて自由に回転するようになっていた。

「引落銃」は「ダブルアクション」の和訳であり、射撃に際して「引金」を引くだけで自動的に「撃鉄」が起きるとともに「弾巣」が回転して弾薬を発射するシステムであり、「打上式」に発生する暴発の危険率が少なく、近接戦闘での連続射撃に有利なほか、自衛戦闘での咄嗟応戦に際しての連射に優れていた。

　なお、「引落銃」は狙撃等の精密射撃を行なう際は、「上打銃（シングルアクション）」と同様に右手親指で「撃鉄」を起こしてから「引金」を引いて発射することも可能であった。

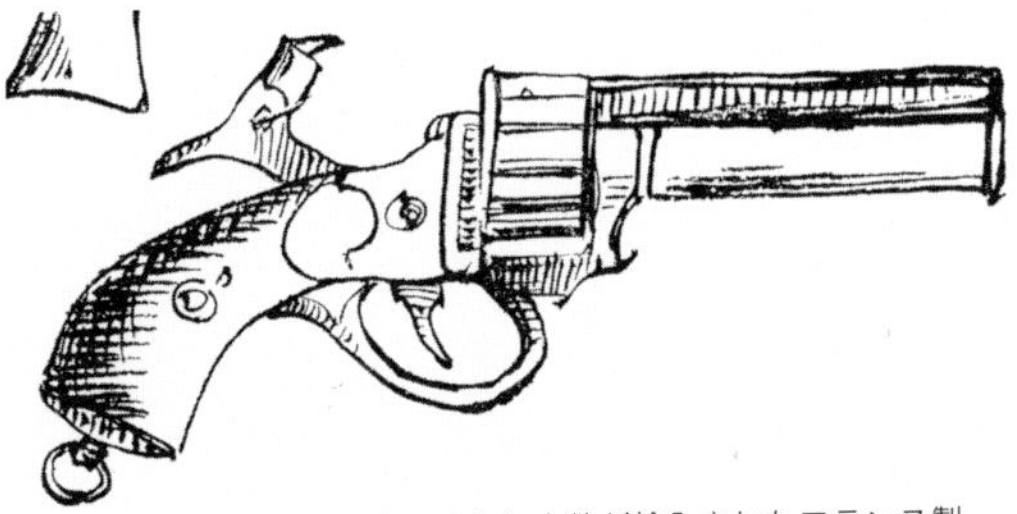

「ルマット拳銃」。幕末に日本に少数が輸入されたフランス製拳銃の一つであり、42口径９連発の回転拳銃であるが、輪胴の「心棒（シリンダーシャフト）」自体が散弾を発射可能な銃となっており、「撃鉄」の「撃針」位置の変更で打ち分けることが可能であった。もともと雷管式の拳銃であったものの、後に金属製薬莢の登場により「蟹目打」や「辺縁打撃式実包」を用いる「針打式」に改造されたモデルもある

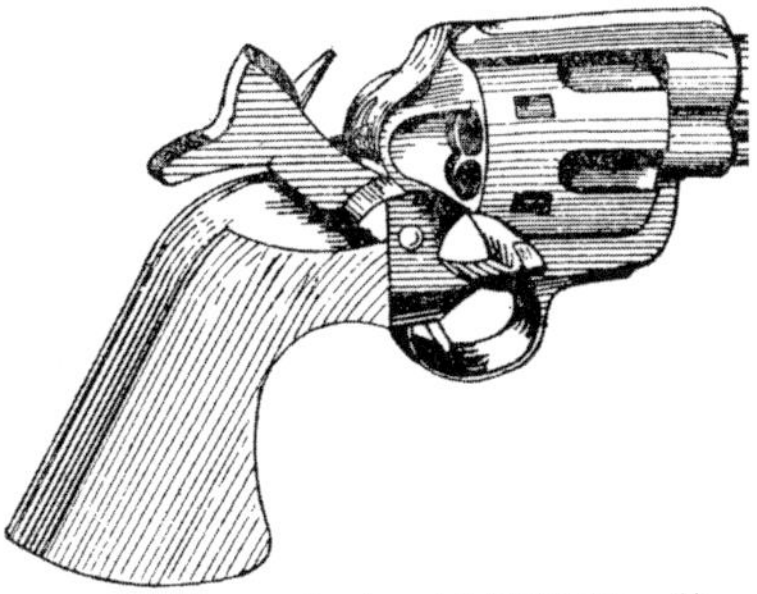

「固定式（ソリッドフレーム）弾巣拳銃」。銃本体に固定されている「弾巣」への装填と薬莢の抽出のために「弾巣」後部左側面にある開閉式の「弾巣蓋（ローディングゲート）」ないし「装弾蓋」と呼ばれる開閉式の蓋

　このほかに「引落銃」には、「撃鉄」を銃機関部に内蔵した「ハマレス（ハンマーレス）銃」や、「撃鉄」に打上用の指掛が無いダブルアクションオンリーのタイプも存在した。

弾薬の装填方法

「輪胴（回転）式拳銃」の「弾巣」のスタイルは大別して、「固定式（ソリッドフレーム）弾巣」「元折式（トップブレイク）弾巣」「繰出式（スイングアウト）弾巣」「振出式（スイングアウト）弾巣」の四パターンが存在する。

　以下にこれら四パターンの弾巣への弾薬の装填方法を示す。

「固定式（ソリッドフレーム）弾巣」の場合、「弾巣」は銃本体に固定されており銃本体の「弾巣」後部左側面にある「弾巣蓋（ローディングゲート）」ないし「装弾蓋」と呼ばれる開閉式の蓋を開けて弾薬の装填と射撃後の空薬莢の排出を行なうほか、銃によっては銃本体と「弾巣」を固定している「心棒（シリンダーシャフト）」を前方に引

き抜いて「弾巣」自体を銃から取り外して装填を行なうモデルも存在している。

「元折式（トップブレイク）弾巣」は、銃機関部より蝶番を介して銃身部分と弾巣部分が上方ないし下方に開くことで、装填と空薬莢の排出を行なう機構である。

「元折式拳銃」の弾巣の多くには装填の便を顧慮して、弾巣の開閉時にバネ仕掛けで空薬莢を排出させる「排筒桿（エジェクターチューブ）」と呼ばれる機構が付随しているものが多い。

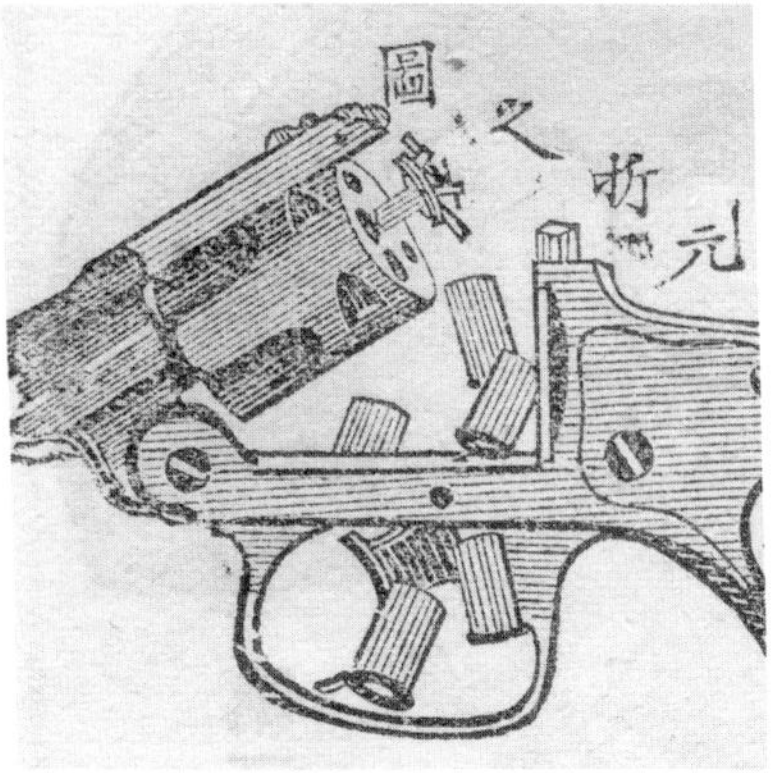

「元折式（トップブレイク）弾巣拳銃」。銃本体より蝶番により銃身と弾巣が上方ないし下方に折れて弾薬の装填と薬莢の排出を行なうシステムであり、図では弾巣より薬莢を取り出す「排筒桿（エジェクターチューブ）」の様子が見てとれる

「繰出式（スイングアウト）弾巣」は、装填方法は「固定式弾巣拳銃」と同一であるが、空薬莢の排出に際しては銃機関部より銃身部分と弾巣部分が前方へスライドすることで行なう機構である。

「振出式（スイングアウト）弾巣」は、「繰出式」より発展したシステムであり「弾巣」が前方ではなく右側面に出るタイプである。

一八八九年に米国「コルト製銃社」が軍用拳銃として開発した「一八八九年式回転拳銃」が最初のモデルであり、多くの米国製拳銃に用いられているシステムである。

「振出式拳銃」の弾巣の多くは、「心棒（シリンダーシャフト）」が手動式の「排筒桿」に連動しているタイプが多い。

スミス・エッスン拳銃

陸軍は明治十年代に米国「スミス・エッスン製銃社」より「スミス・エッスン三番形拳銃」を輸入しており、「スミス・エッスン拳銃」の名称で下士官兵用拳銃として制式採用している。

「スミス・エッスン製銃社」は一八五二年に米国で創設された銃器メーカーであり、護身用として一八五七年に二十二口径回転七連発の「スミス・エッスン一番形拳銃」を発売し、一八六一年には「スミス・エッスン一番形拳銃」のスケールアップタイプである三

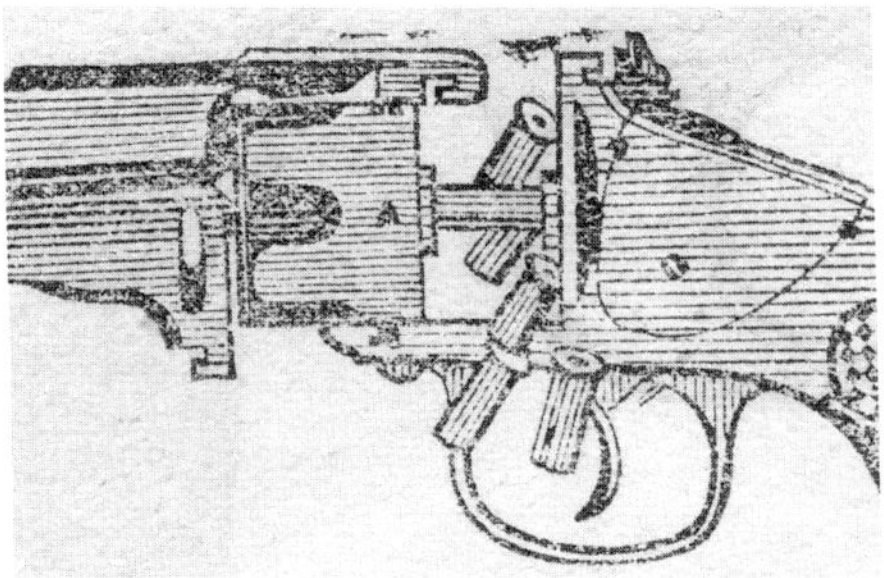
「繰出式（スイングアウト）弾巣拳銃」。薬莢の排出に際して、銃本体より銃身と弾巣が前方へスライドして排出を行なうシステムである。後に弾巣が右側面へスライドする「振出式弾巣拳銃」へと進化する

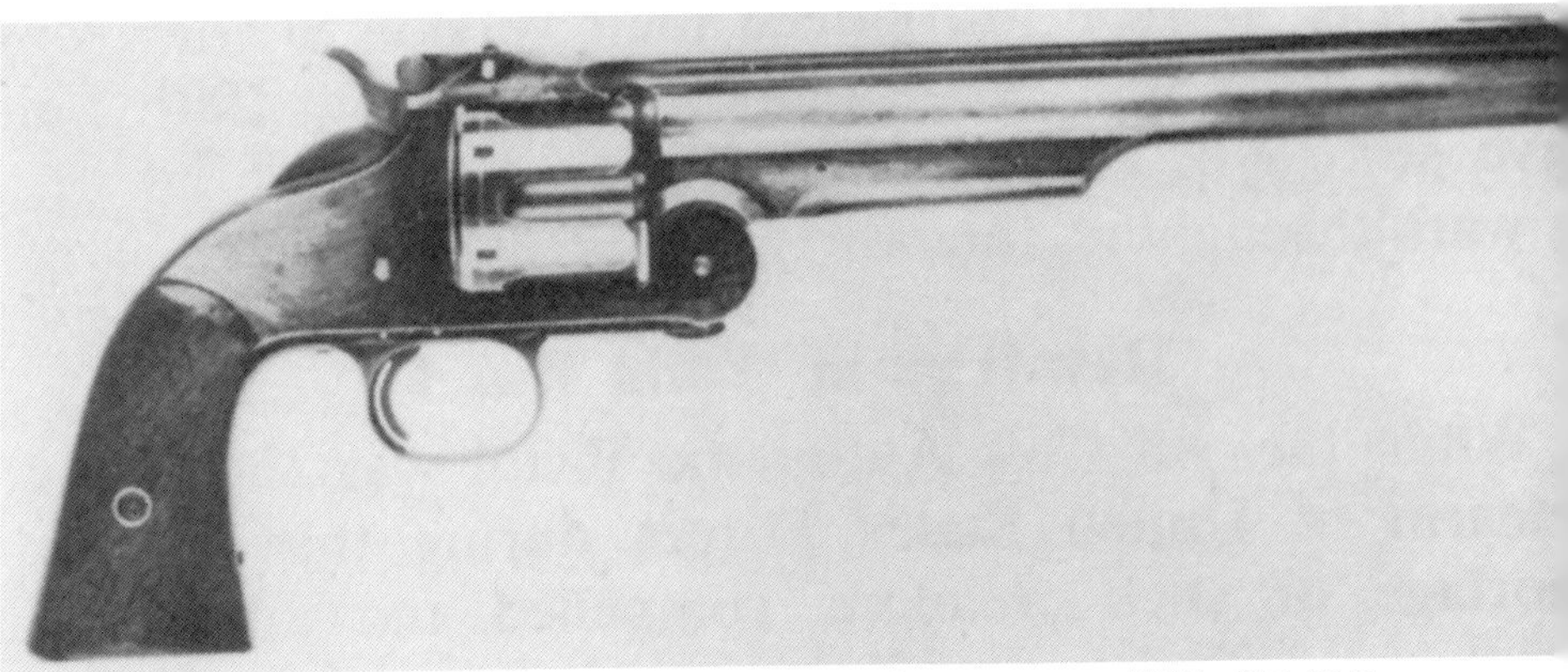

日本陸軍で「スミス・エッスン拳銃」の名称で制式採用された、「スミス・エッスン製銃社」製の「スミス・エッスン三番形拳銃」。軍用として開発された打上式の射撃機構を持つ元折式44口径６連発である

十二口径回転六連発の「スミス・エッスン二番形拳銃」を発売している。

この「スミス・エッスン一番形拳銃」と「スミス・エッスン二番形拳銃」は「打上式」の射撃機構を持ち、弾薬は金属製薬莢の雷管を用いない「辺縁打撃式実包」が用いられていた。

一八七〇年になると「スミス・エッスン製銃社」は、軍用拳銃としての採用を主眼とした「中心打撃式実包」を用いる打上式の四十四口径回転六連発の「スミス・エッスン三番形拳銃」を発売している。

また一八七二年には、「帝政ロシア」より発注を受けてロシア陸軍専用の「スミス・エッスン三番形拳銃」がロシア向けに生産されて輸出されている。このロシア向け「スミス・エッスン三番形拳銃」は「引金」を守る「用心金」の下に中指を掛ける「曲鉄《まがりてつ》」と呼ばれるフィンガーグリップが追加されているのが特徴であり、日本陸軍の輸入モデルにはこのタイプも含まれていた。

また明治二十五年には、「スミス・エッスン三番形拳銃」の実包と空包の国産化を行なっている。

日露戦争後に撮影された憲兵の一葉。「三十二年式軍刀-乙」と右腰に「二十六年式拳銃」を装備している

拳銃②

第17話

明治期初の国産軍用拳銃である「二十六年式拳銃」及び、護身用として発売した国産の小型輪胴拳銃である「桑原製軽便拳銃」、そして、国産初の自動拳銃である「南部式自動拳銃」を紹介！

二十六年式拳銃

「二十六年式拳銃」は国産軍用拳銃の必要性から、明治十九年より「東京砲兵工廠」で開発が始められた輪胴拳銃であり、明治二十七年六月二十日の「陸達第六十号」により初の国産制式拳銃として制定された。

「二十六年式拳銃」は全長二三九・三ミリ、重量九〇四グラムであり、銃身内には右回転で四条のライフリングが施されていた。

弾薬である「二十六年式拳銃実包」は口径九ミリの無煙火薬を用いる「中心打撃実包（センタファイアカートリッジ）」であり、重量は九・八グラムで装薬量は〇・六グラムであった。弾薬は実包のほかに「空包」があった。

拳銃は黒革製の「革嚢（ホルスター）」に収められており、革嚢内には「拳銃」本体のほかに「架杖（クリーニングロッド）」と「弾薬入」に「予備弾薬」十八発を収納できた。

この「二十六年式拳銃」の開発においては、この時期の最新式軍用拳銃とされていたフランス陸軍の制式拳銃である「一八七三年式輪胴拳銃」が参考に供されている。「一八七三年式輪

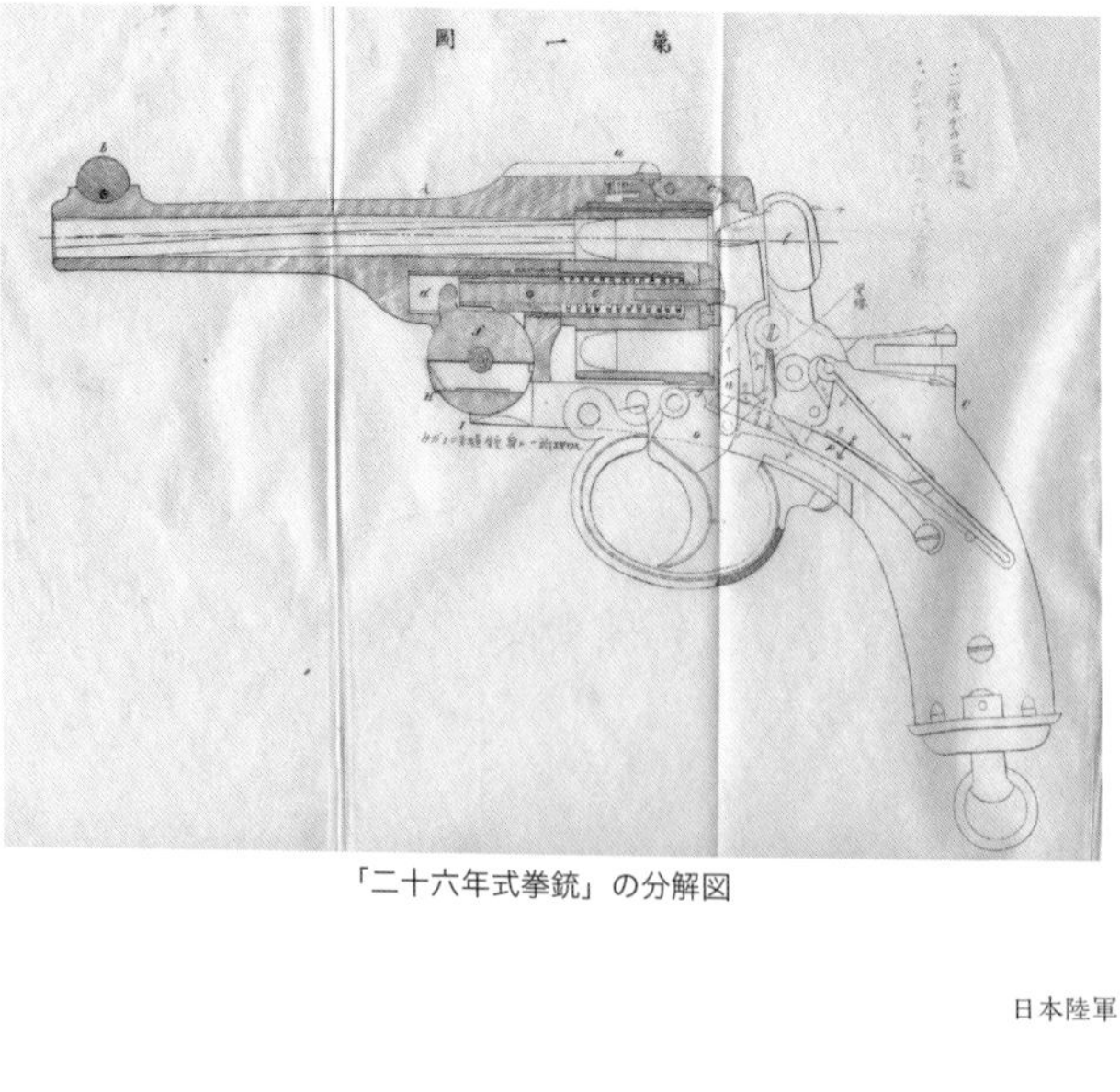

「二十六年式拳銃」の分解図

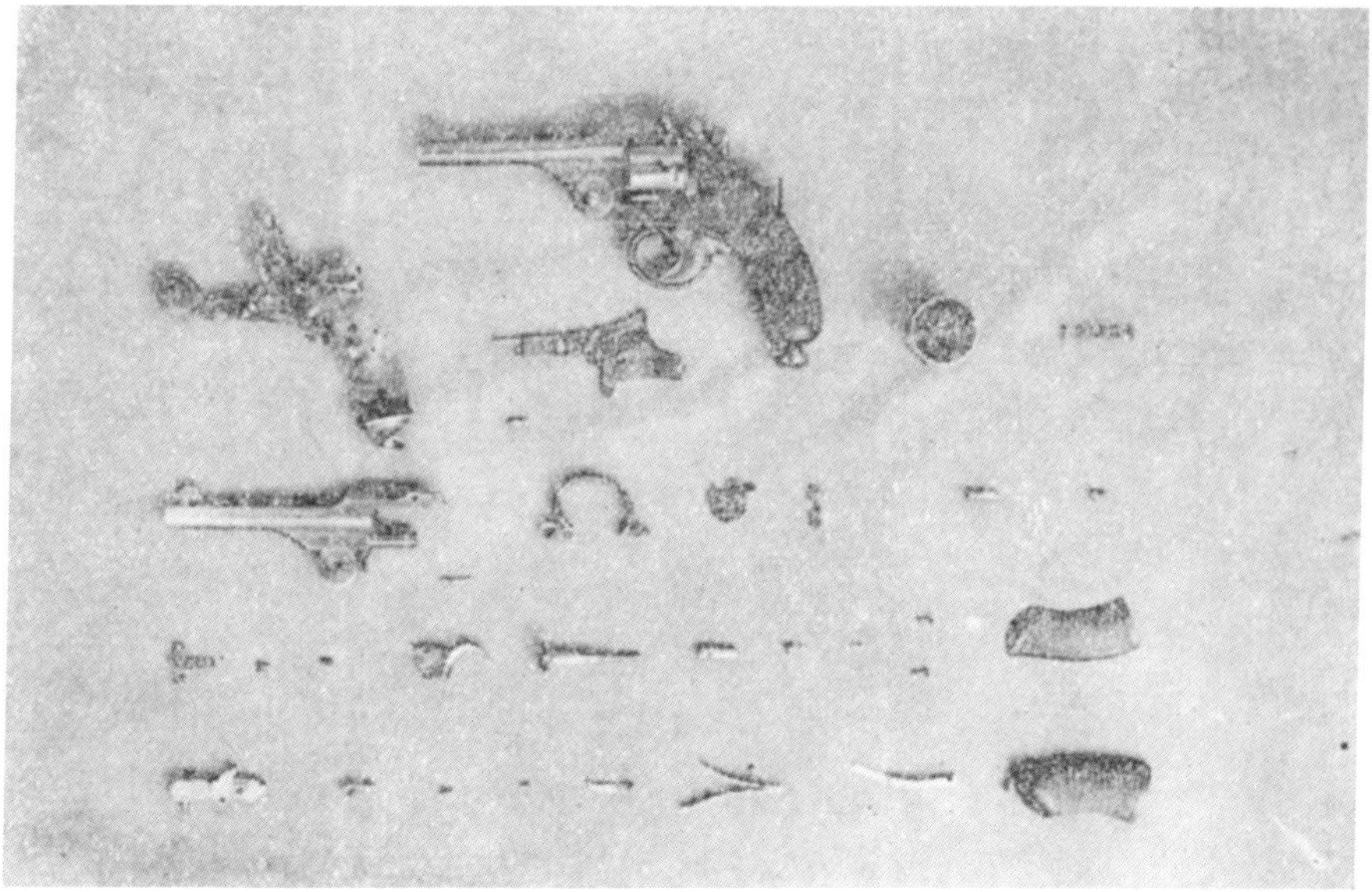

「二十六年式拳銃」の完全分解の状況

胴拳銃」は「引落銃（ダブルアクション）」タイプの回転拳銃であるが、弾巣が「固定式（ソリッドフレーム）弾巣」であるために弾薬の装填と射撃後の空薬莢の排出に際しては、銃本体の「弾巣」後部左側面にある「弾巣蓋（ローディングゲート）」を開ける必要があり装填と再装填に時間を要する欠点があった。

日本で開発された「二十六年式拳銃」は口径九ミリの六連発であり、弾巣は固定式を採らずに装填と再装填に便利な「元折式（トップブレイク）弾巣」形式が採用されるとともに、射撃機構は「騎兵」が馬上での片手使用を前提として「引落銃」タイプの中でも撃鉄を手動で起こす「打上銃」タイプを併用しないダブルアクションオンリーのシステムが採用された。

また、装填ないし空薬莢の排出を行なうため、「弾巣」を銃機関部より蝶番を介して下方に開いた際（トップブレイク）に、弾巣の開閉時にバネ仕掛けで空薬莢を排出させる「排筒桿（エジェクターチューブ）」の作用により自動的に空薬莢の排出が行なわれた。

二十六年式拳銃諸元

全　長	229.3ミリ
重　量	904グラム
口　径	9ミリ
装弾数	6発
実包重量	9.8グラム

桑原製軽便拳銃諸元

全　長	150ミリ
銃身長	77ミリ
重　量	375グラム
口　径	8ミリ
装弾数	6発
実包重量	7.938グラム

南部式自動拳銃諸元

口　径	大　型	8ミリ
	小　型	7ミリ
重　量	大　型	944グラム
	小　型	548グラム
初　速	大　型	320メートル
	小　型	330メートル
有効射程	大　型	500メートル
	小　型	300メートル
実包重量	大　型	9グラム
	小　型	7グラム

このほかに「一八七三年式輪胴拳銃」より踏襲した機能として、野戦整備の際に工具無しで銃機関部の蓋となる「樞鉸鈑（サイドプレート）」が開閉できる特色があった。

「二十六年式拳銃」は制定当初は「騎兵下士官」「輜重兵下士官」「喇叭卒」「憲兵下士官・兵卒」が装備対象となっていたが、「偕行社」経由で将校用拳銃としても販売されており、「日清戦争」で初めて実戦投入されている。

　この時期の拳銃の射撃姿勢は、小銃と同様に「立射」「膝撃」「伏射」の三パターンが基本であり、陸軍では原則として右手のみによる片手射がスタンダードな射撃方法であった。

「二十六年式拳銃」と同時期に制定された外国拳銃として、ベルギーの「ナジン製銃社」製の「白義國一八九五式輪胴拳銃」がある。

「白義國一八九五式輪胴拳銃」は七発の弾薬を「固定式弾巣」内に収めた「引落式」射撃機構を備えた回転七連射拳銃であり、ベルギーでの使用のほかに帝政ロシア軍の制式拳銃となり「ナジン製銃社」の露語読みである「ナガン」を冠して「ナガン一八九五式輪胴拳銃」とも呼ばれている。

　この「ナガン一八九五式輪胴拳銃」は、帝政ロシア軍よりソビエト軍の時期に至るまでの長期間、将校用拳銃として用いられている。

桑原製軽便拳銃

「桑原製軽便拳銃」は、明治二十七年に東京の「桑原銃砲店」が護身用として発売した国産の小型輪胴拳銃である。

　この「桑原製軽便拳銃」は、「軽便拳銃」の名称のように軍用拳銃である「二十六年式拳銃」をスケールダウンした三十二口径六連射の回転拳銃であり、護身用に特化したために射撃機構は「二十六年式拳銃」のダブルアクションオンリーではなく、シングル・ダブル両用の「引落銃」タイプであった。

「桑原製軽便拳銃」の特徴として銃本体は防錆目的で「ニッケルメッキ」が施されており、「銃握（グリップ）」は黒水牛角が使われ、機関部は「二十六年式拳銃」と同様に工具無しでサイドオープンすることができた。

　弾薬は総重量七・九グラムで、黒色火薬を用いる中心打撃式で口径八ミリの「桑原軽便拳銃実包」が用いられ、距離五十メートルにある厚さ十五ミリ

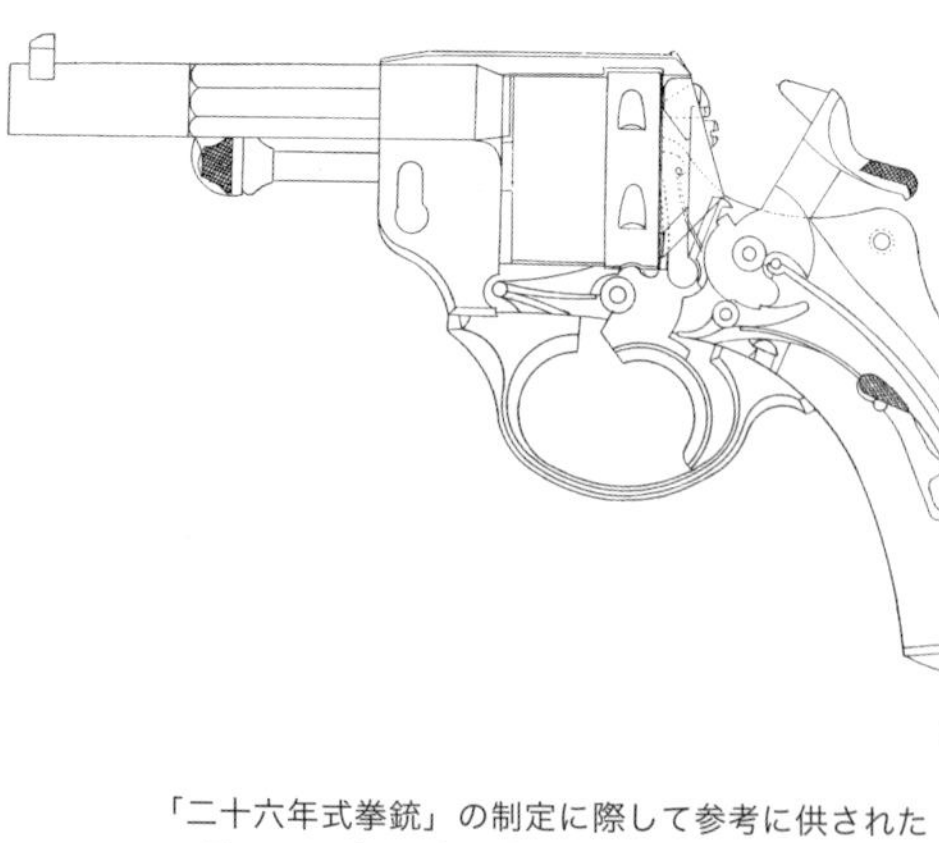

「二十六年式拳銃」の制定に際して参考に供されたフランスの「一八七三年式輪胴拳銃」

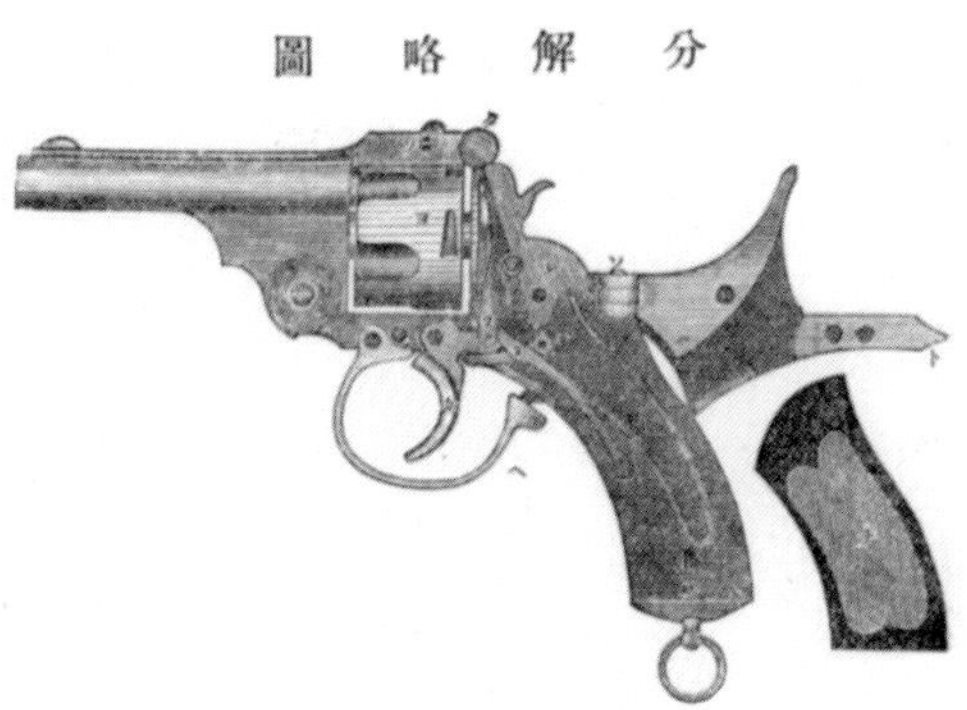

「桑原製軽便拳銃」の分解図。「二十六年式拳銃」のスケールダウンであることが伺われる

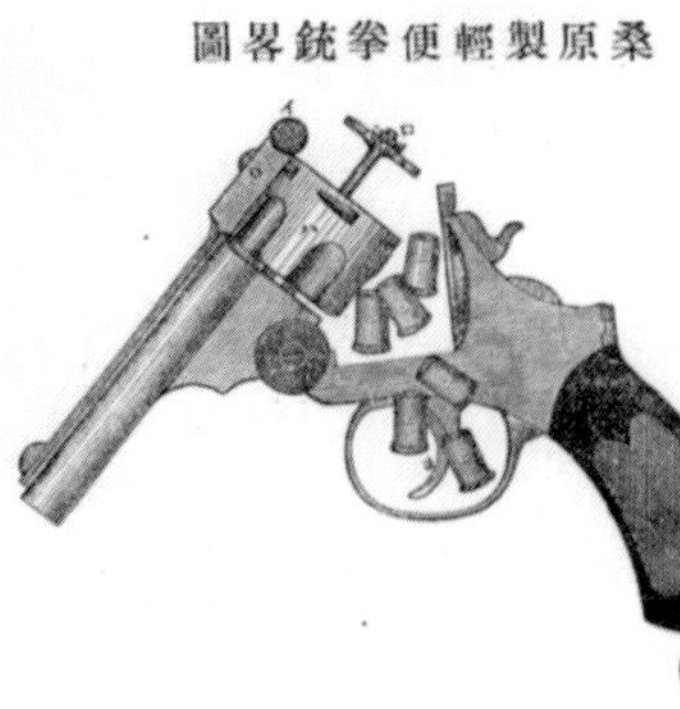

「桑原製軽便拳銃」

の杉材を貫通する威力があった。

明治二十八年の時点で、銃本体が十五円、弾薬百発で二円のほかに、附属品として空薬莢の再装填（リチャージ）用器具である「雷管詰替及口絞器」が一円、弾薬鋳造用の「鋳型」が五十銭、整備用ブラシである「刷毛洗矢」が五銭で販売されていた。

「桑原製軽便拳銃」は日清戦争で将校用拳銃として「近衛師団」等で用いられている。

南部式自動拳銃

「南部式拳銃」は「二十六年式拳銃」の後継として、明治三十五年に完成した日本初の反動利用タイプの自動式射撃機構を備えた新型拳銃であり、開発者の「南部麒次郎」の名前より「南部」の名称を冠している。

この「南部式自動拳銃」は「大型」と「小型」の二種類があり、「大型」はさらに「甲号」と「乙号」に分類されていた。

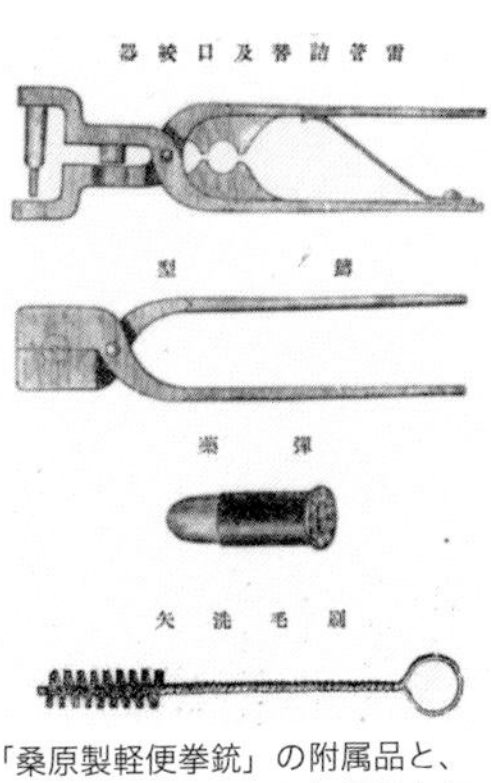

「桑原製軽便拳銃」の附属品と、口径八ミリの「桑原軽便拳銃実包」

「南部式大型自動拳銃」の本体構造は「甲号」「乙号」ともに同一であり、銃本体には照準用として五十メートルから五百メートルまでの「表尺」があり、安全装置として「銃把（グリップ）」前部に「握り安全器（グリップセーフティ）」タイプの「安全機」が付けられている。弾薬は「銃把」内に内蔵された「弾倉」より補弾される。

弾薬は無煙火薬を用いた口径八ミリの中心打撃実包である「南部式実包」が使用され装弾数は八発であった。

射撃に際しては銃本体「尾槽」の後端にある「結合子（ボルト）」を後方に引いて、「弾倉」から上がってくる初弾を薬室内に装填してから、「引金」

を引いて射撃を行なう。

「南部式大型自動拳銃甲号」は、「木匣」と呼ばれるストック兼用の木製のホルスターに収納されており、射撃に際しては「木匣」前方にある金属製の「内筒」と呼ばれる筒を前方に引き出してその先端部分を拳銃のグリップ後部に装着することで「銃床（ストック）」として使用することができた。

　この「木匣」内には「拳銃」本体のほかに「槊杖」と「予備弾倉」一本を収納できたほか、「木匣」には「革條」が取り付けられており、携帯に際して左肩より右腰に掛けることができた。

「南部式大型自動拳銃乙号」は、「甲号」より「木匣」のシステムを取り除いたタイプである。「南部式大型自動拳銃乙号」は「革嚢」に収められ、「革嚢」内には「拳銃」本体のほかに「槊杖」と「予備弾倉」一本と「弾薬」十六発を収納できた。

「南部式小型自動拳銃」は「南部式大自動拳銃乙号」をスケールダウンした護身用の自動拳銃であり、大型との相違として「表尺」がない。

　口径は七ミリの「南部式小型実包」が使用され、「弾倉」の装弾数は七発である。

　拳銃は「革嚢」に収められ、「革嚢」内には「拳銃」本体のほかに「槊杖」と「予備弾倉」一本と「弾薬」十四発を収納できた。

　生産は明治三十七年より開始されており、「日露戦争」で少数が使用され

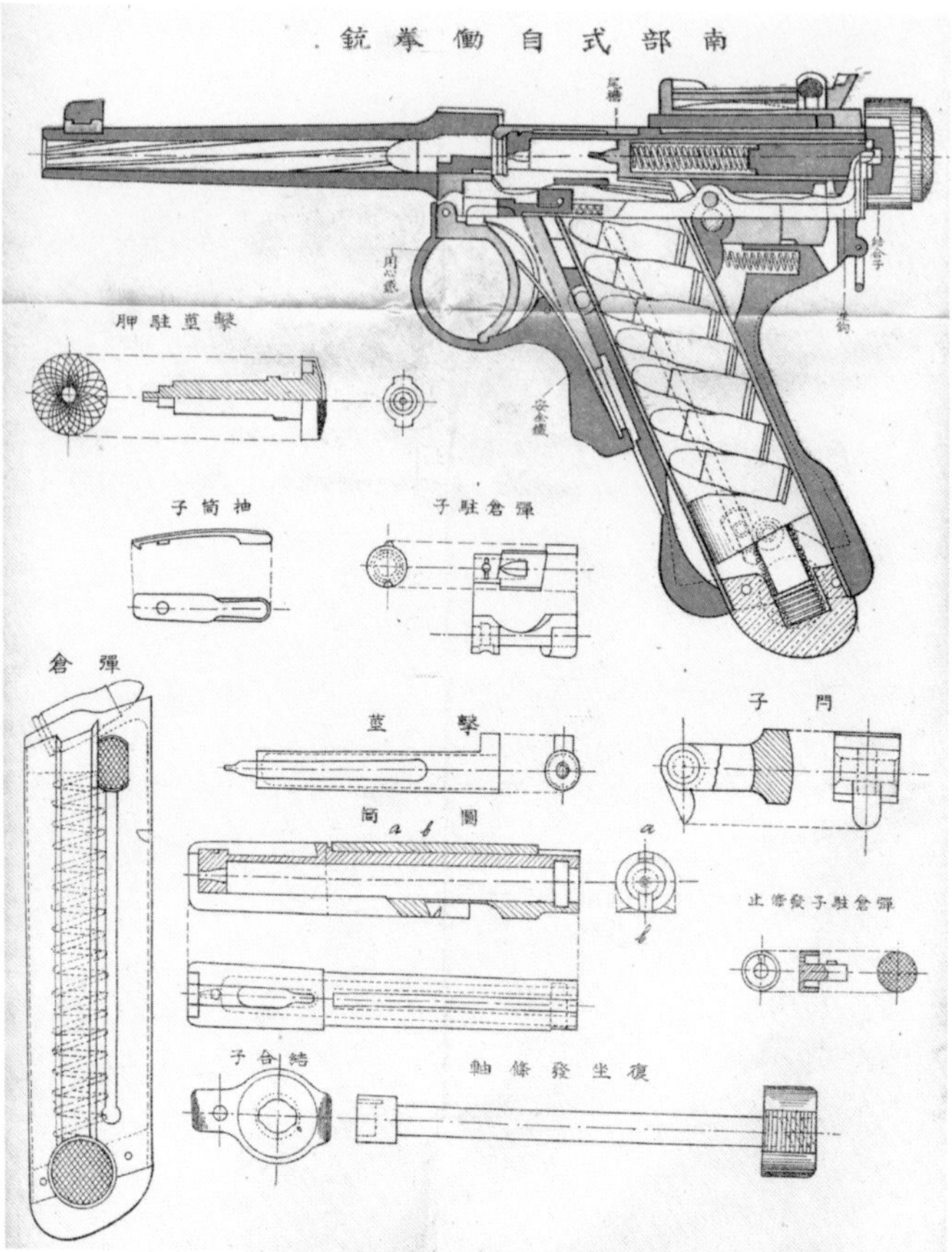

「南部式大型自動拳銃乙号」の分解図

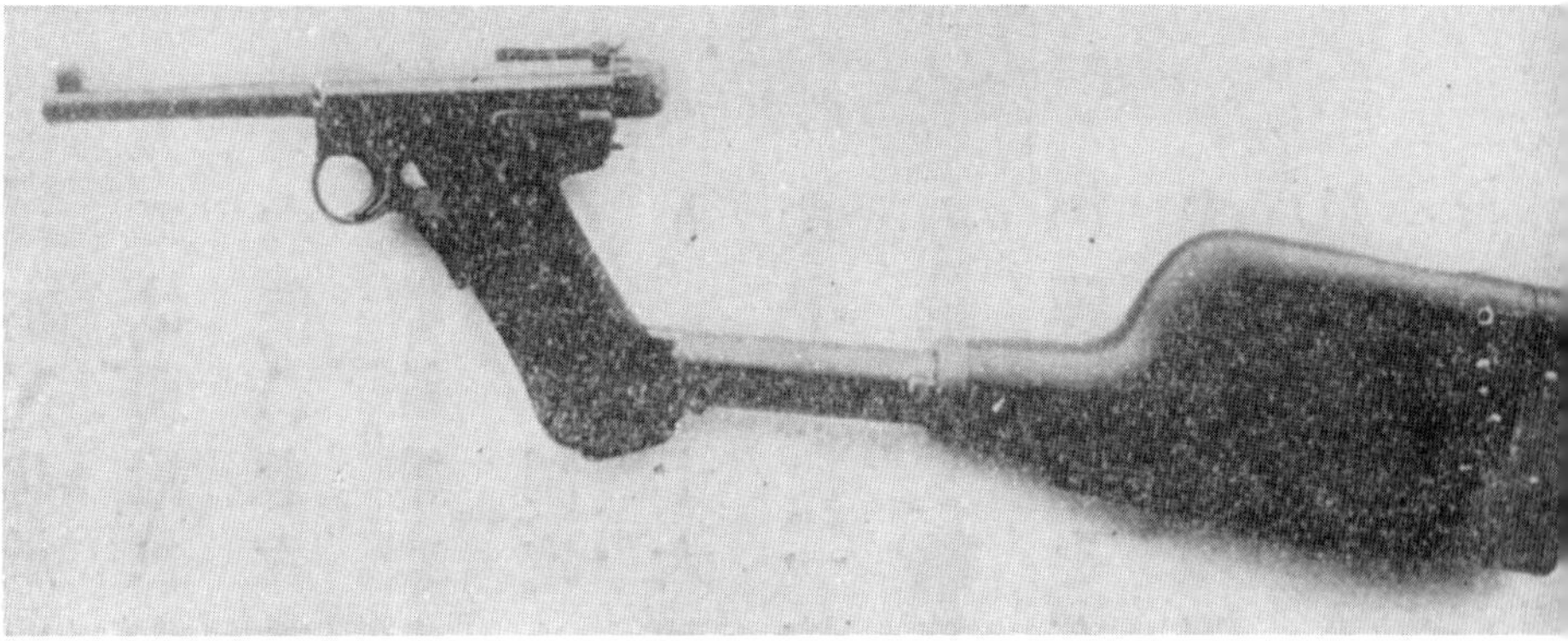

「南部式大型自動拳銃甲号」。ストック兼用の「木匣」と呼ばれる木製のホルスターを装着した状況

ている。

「日露戦争後」の明治四十一年には、「南部式大型自動拳銃乙号」を「二十六年式拳銃」に替わる下士官兵用の官給兵器として制式採用を行なうべく「四一式自動拳銃」の名称で採用試験が行なわれるも制式採用にはならず、

「南部式小型自動拳銃」

「南部式自動拳銃」は将校用拳銃として「銃砲店」ないし陸軍将校団の外郭団体である「偕行社」にての販売が行なわれたほか、少数が中国に輸出されている。

なお、「自動拳銃」の「自動」の標記であるが、採用時期の明治期より大正六年までは「自動車」を含めて「自働」が用いられており、大正六年以降は「自動」が用いられるようになっている。

大正十三（一九二四）年になると「南部式大型拳銃―乙」は、海軍では「陸式拳銃」の名称で採用されている。

また大正十四年には、「名古屋造兵廠」により「南部式大型拳銃―乙」をベースとして下士官兵用の制式拳銃の試作が行なわれ、同年に「十四年式拳銃」の名称で制式採用されている。

なお「十四年式拳銃」は大正末期の制式制定ではあるものの、時期的に大正期の生産数はごく少数であり、本格的な生産と運用は昭和期に入ってからであった。

拳銃③

「明治の歩兵兵器」の最後は、護身用として一般販売されていた拳銃及び、陸軍将校が自弁調達した私物拳銃を紹介！

第18話

国内の銃砲店

明治二十年代前後より、国内の「銃砲店」において欧米より輸入された猟銃と併せて護身用の拳銃の市井への一般販売が開始される。

この明治初期は「拳銃」の呼称は陸軍のみで、市井では「ピストル」「ピストル銃」「短銃」「短筒」等の呼称が一般的であり、これらは富裕層・商人・政治家等が護身用に購入したほか、戦時に備えて将校が自弁調達することもあった。

明治四十年代まで拳銃の主流は「輪胴（リボルバー）式拳銃」で「自動（オートマチック）拳銃」は僅少であり、回転拳銃は射撃機構より「打上式（シングルアクション）拳銃」と「引落式（ダブルアクション）拳銃」に二分されていた。

時代の趨勢とともに明治二十年代中期より日本で流通する輸入拳銃の射撃機構は「引落式拳銃」が主体となり、さらには日本にも当時の最新式である撃鉄内蔵式かつ引落式射撃のみの射撃システムを備えた「ハマレス（ハンマーレス・ダブルアクションオンリー）式」と呼ばれる最新式拳銃も輸入されていた。

この「ハマレス式」は護身用に特化した拳銃であり、その形が鳥の鶏冠に似ていることから「鶏頭」とも呼ばれた「撃鉄（ハンマー）」のある「有鶏頭式輪胴拳銃」に対して「無鶏頭式輪胴拳銃」とも呼ばれており、護身用の用法から精密射撃よりもダブルアクションオンリーに特化した緊急時における咄嗟の連発射撃に優れていたほか、携帯を秘匿するために洋服のポケットや着物の懐や袂に入れている状態より、射撃時に取り出す際に突起している「撃鉄」が着衣に引っかかることが無い点も特色であった。

「無鶏頭式輪胴拳銃」の中でも護身用で小型のタイプは、海外では「ポケットピストル」「ベストポケットピストル」の名称が冠されており、日本では

輪胴拳銃の型式

射撃形態	弾巣形態	撃鉄形態
上打銃 （シングルアクション）	固定式弾巣 （ソリッドフレーム）	有鶏頭式
引落銃 （ダブルアクション）	固定式弾巣	有鶏頭式
	元折式弾巣 （トップブレイク）	有鶏頭式
		無鶏頭（ハマレス）式 （ハンマーレス・ダブルアクションオンリー）
	繰出式弾巣 （センタースイングアウト）	有鶏頭式
		無鶏頭式
	振出式弾巣 （サイドスイングアウト）	有鶏頭式
		無鶏頭式

小型な点から「袖珍拳銃」「懐中拳銃」のほかにも「ベストポケットピストル」を略して「ベスポケ拳銃」とも呼ばれていた。

　輸入拳銃の主体が「引落式拳銃」となる中でも、「打上式拳銃」は射撃ごとに撃鉄を起こす手間と「撃鉄暴発」の危険性があるものの、価格面では「引落式拳銃」の約半額であることから拳銃自体が高額な時代では購入層からの支持は高かった。

　「打上式拳銃」の代表的な形式としては「スミス・エッスン製銃社」製の二十二口径回転七連射の「スミス・エッスン一番形拳銃」と三十二口径回転五連射の「スミス・エッスン二番形拳銃」があり、「スミス・エッスン製銃社」製以外にも各社が生産した同型タイプの拳銃が護身用として輸入されていた。

　また、この時期に銃砲店に輸入されていた狩猟用の「猟銃」は富裕層が趣味の「狩猟」として用いた高級品であり、狩猟・農業従事者の狩猟・駆獣の目的に用いられる猟銃は古来よりの和銃である「火縄銃」が主体であったが、後の明治二十年中期より国産小銃である「戦用村田銃」のシステムを用いた廉価な国産の単発後装式の「村田式猟銃」が出現すると、国内の駆獣・狩猟に用いられる猟銃の主体は「村田式猟銃」へと移行する。

拳銃の携帯

　制式の軍用拳銃のホルスターは「拳銃嚢」の名称で呼ばれていたが、明治期の市井では「ピストル銃用革製袋」「ピストルサック」等の名称で呼ばれていた。

　市井で民間人が拳銃を携行する場合は、洋服の「ポケット」のほかに着物の「懐」や「袂」にそのまま拳銃を入れる場合が多く、各「銃砲店」では機械油による着衣の汚濁を防ぐ点からも「ピストル銃用革製袋（ホルスター）」の使用を奨励しており、ベルトループの付いた「腰下用」や着物の帯や洋服のベルトに差し込める金属製の差込金具の付いた「腰下用帯差ヘラ付」と、懐にそのまま入れることのできる「懐

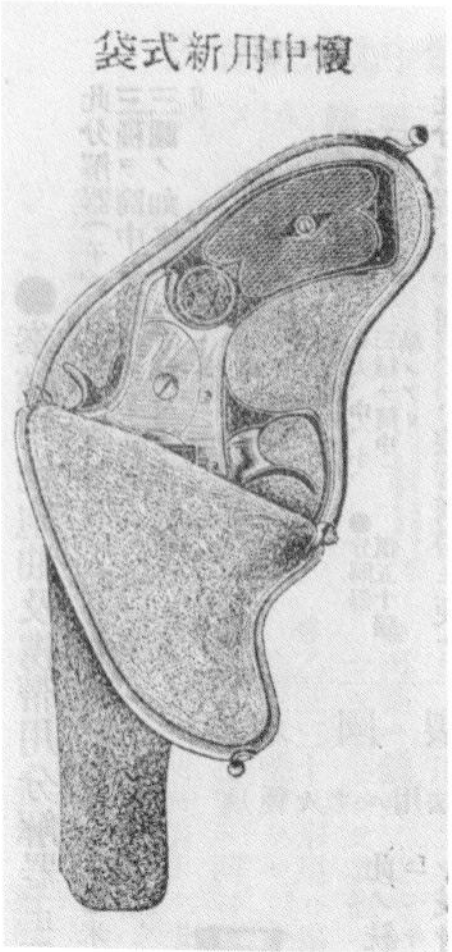

明治期のホルスターの一例。ベルトや帯に付けることなく、洋服のポケットや着物の懐・袂に入れる「ガマグチタイプのホルスターの一例

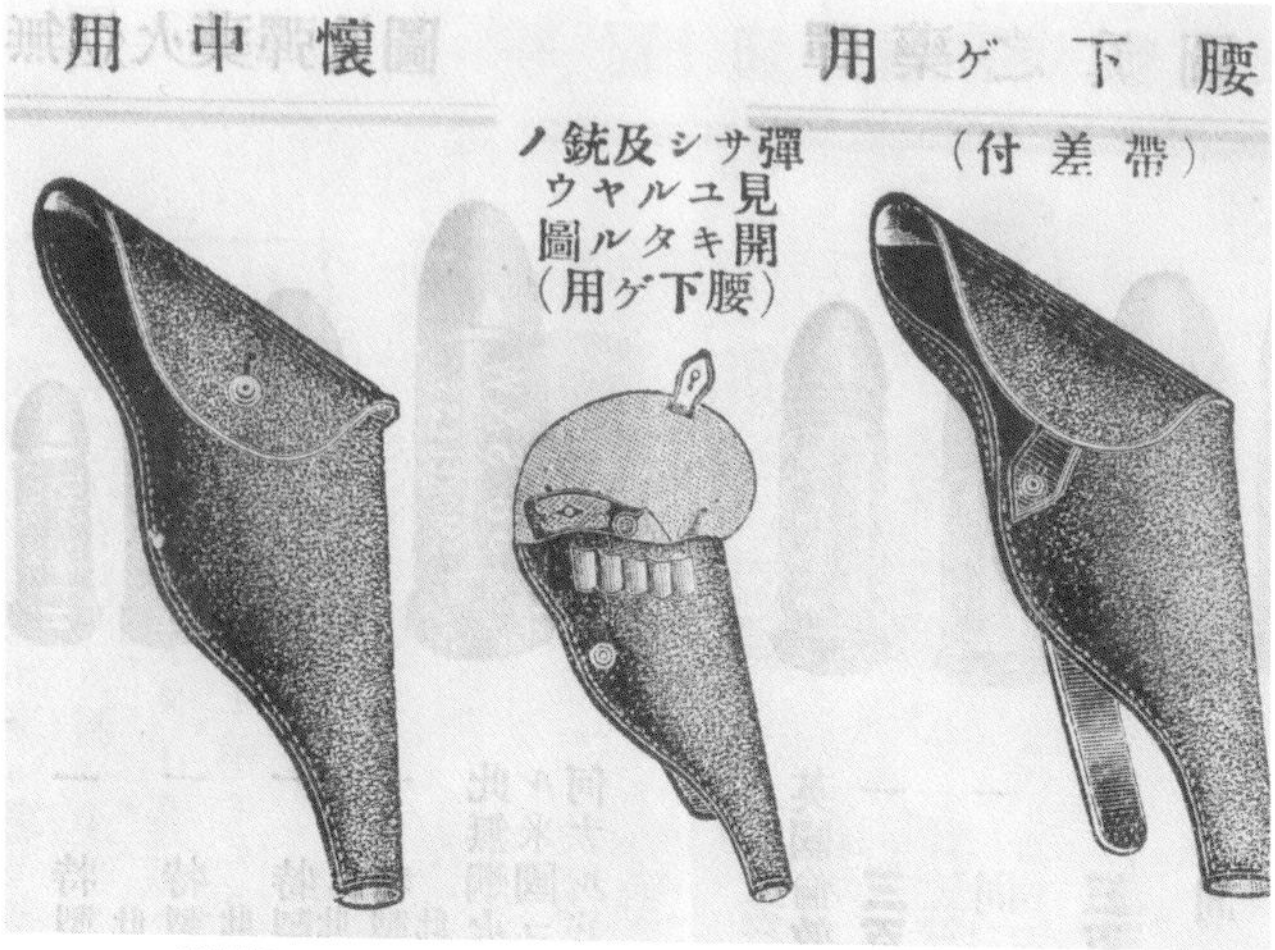

明治期のホルスターの一例。右より着物の帯や洋服のベルトへの差込金具の付いた「腰下用帯差へラ付（帯差付）」、ベルト下げる「腰下用」、着物の懐や袂に入れる「懐中用」ホルスター

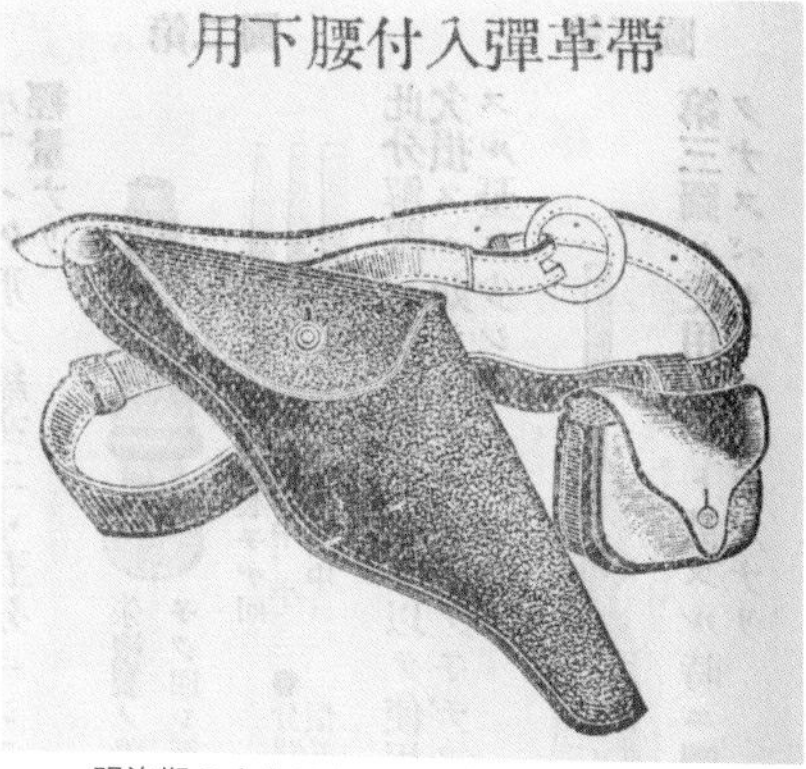

明治期のホルスターの一例。「帯革弾入付腰下用」と呼ばれるベルト・ホルスター・予備弾薬ポーチがセットになったタイプ

中用」の三種類のホルスターが存在していた。

また、軍人を主なターゲットとして、「帯革弾入付腰下用」と呼ばれるベルト・ホルスター、予備弾薬ポーチの三種類がワンセットとなったホルスターがあった。

これらの「ホルスター」は軍用と異なり、各拳銃ごとに決められた形態は無く、大まかな拳銃の「打上式」と「引落式」の外見のほかに、口径別に数種類が存在するのみであった。

欧米から拳銃輸入

銃器メーカーとしては米国の「コルト製銃社」「スミス・エッスン製銃社」「ウインチェスター製銃社」の三社が筆頭に挙がるが、そのほかにも中堅メーカーとして安価な回転拳銃を製造する「アイバージョンソン製銃社」「ハーリングトン・リチャアドソン製銃社」「ホプキムス・アレン製銃社」の三つのメーカーがあり、これらの拳銃が日本にも護身用として多く輸入されてお

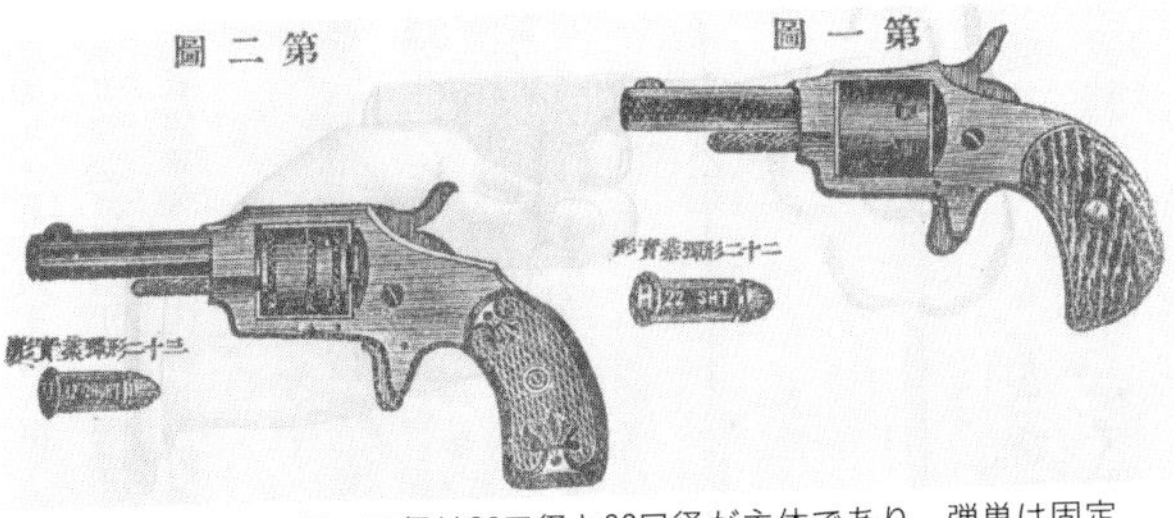

上打式拳銃の一例。口径は22口径と32口径が主体であり、弾巣は固定式ないし元折式で装弾数は５～７発であった。各メーカーが製造した銃自体の基本的な形状は「スミス・エッスン製銃社」製の「スミス・エッスン一番形拳銃」と「スミス・エッスン二番形拳銃」のスタイルであり、弾薬の多くは「辺縁打撃式実包」が用いられていた

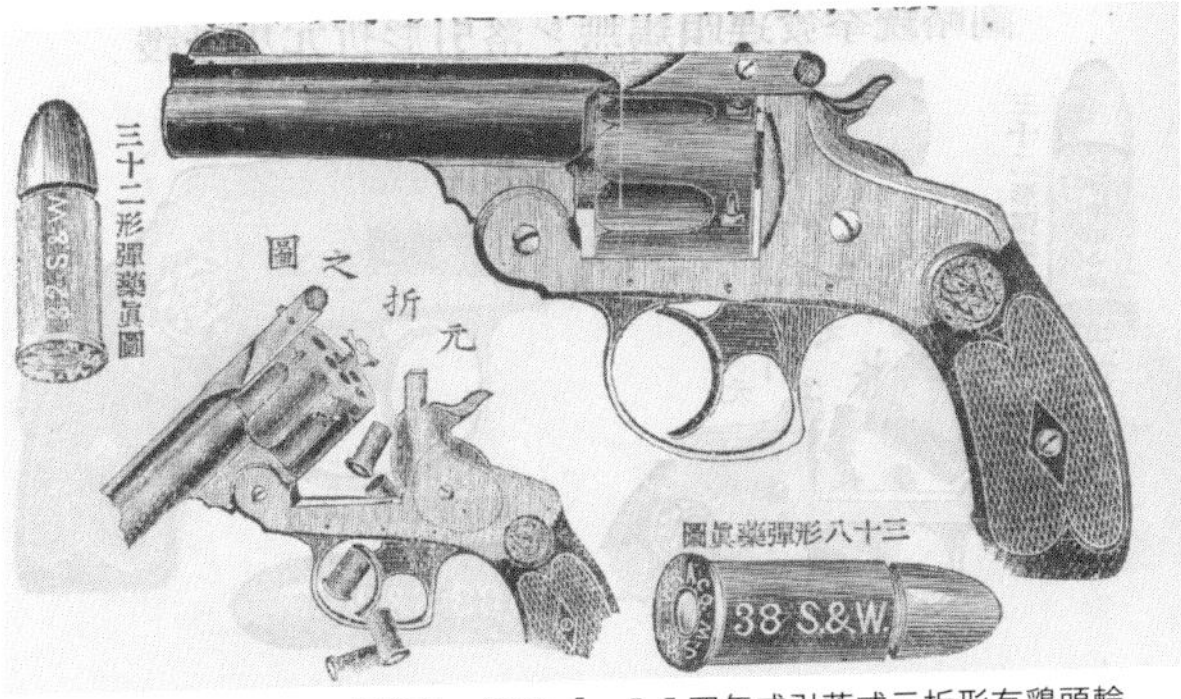

「スミス・エッスン製銃社」製の「一八八四年式引落式元折形有鶏頭輪胴拳銃」。1880年に販売された「一八八〇年式引落式元折形有鶏頭輪胴拳銃」の改良モデルであり、口径は32口径（５連発）と38口径（５連発）があるほか、32口径には短銃身モデルが存在する。後に小改造を施された「一八八九年式引落式元折形有鶏頭輪胴拳銃」「一九〇五年式引落式元折形有鶏頭輪胴拳銃」が生産されている

「スミス・エッスン製銃社」製の「一八八七年式三十八口径引落式元折形無鶏頭輪胴拳銃」。口径は32口径（５連発）と38口径（５連発）があり、32口径には短銃身モデルが存在する。32口径モデルは1888年に発売されたため「一八八八年式三十二口径引落式元折形無鶏頭輪胴拳銃」と呼ばれている。「銃把」に射撃時にグリップを握ることで解除される「握安全器（グリップセーフティ）」と呼ばれる安全装置が付けられている

り、市井での民間人の購入のほかに将校による購入ケースも多かった。

　これらの拳銃の多くは「引落式拳銃」であり、撃鉄の形態は「有鶏頭式」と「無鶏頭式」が混在していた。また多くが防錆のため銃本体に銀メッキが施されていたほか、新素材としてゴム製「握（グリップ）」のタイプが存在している。口径は二十二口径、三十二口径、三十八口径の三種類が主体であり、装弾数は二十二口径と三十二口径は五～七発、三十八口径五～六発が一般的であった。

　弾薬は殺傷能力のある実包のほかに、護身用としての威嚇用の空包と低威力の散弾があり、弾薬のスタイルとしては二十二口径が「辺縁打撃式実包（リムファイアー・カートリッジ）」、三十二口径、三十八口径が「中心打撃式実包（センターファイアー・カートリッジ）」が主体であった。

以下に「アイバージョンソン製銃社」「ハーリングトン・リチャアドソン製銃社」「ホプキムス・アレン製銃社」と「フォアハンド・ワズワース製銃社」の拳銃を紹介する。

「アイバージョンソン製銃社」製の「一八九四年式引落式元折形有鶏頭輪胴拳銃」。口径は32口径（5連発）と38口径（5連発）があった。この銃は有鶏式輪胴拳銃の暴発防止のために、拳銃史上初めて「撃鉄」と「撃針」を独立させた「トランスファーバーシステム」と呼ばれる安全機構を採用したモデルである

アイバージョンソン製銃社

「アイバージョンソン製銃社（Iver Johnson Firearms）」は一八七一年に創立した米国の銃器メーカーである。

最初期には単発打上式の小型護身拳銃のみを製造していたが、後に各種の輪胴拳銃を生産している。

特記的な特徴としては「有鶏頭輪胴拳銃」の安全性を向上させるために、初めて「トランスファーバーシステム」と呼ばれる「撃鉄」と「撃針」を独立させた安全機構を採用したモデルを生産している。

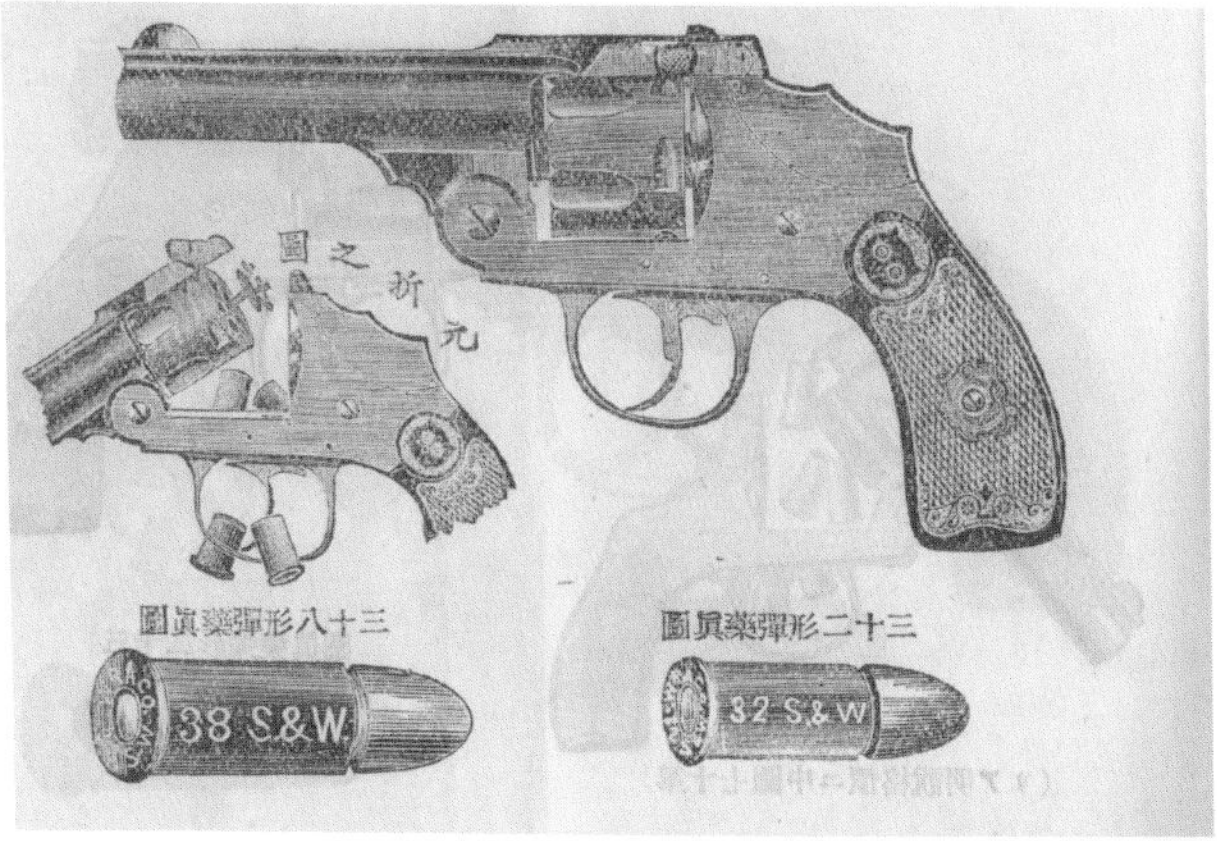

「アイバージョンソン製銃社」製の「一八九四年式引落式元折形無鶏頭輪胴拳銃」。口径は32口径（5連発）と38口径（5連発）がある。この銃は暴発防止のために、拳銃の「引金」自体に「引鉄安全器」と呼ばれる指切式のトリガーセーフティが装備されたモデルである。32口径には短銃身モデルが存在する

ハーリングトン・リチャアドソン製銃社

「ハーリングトン・リチャアドソン製銃社（Harrington & Richardson Firearms）」は一八七一年に創立した米国の銃器メーカーである。

量産されたモデルの一例としては、一八八三年から一九四一年まで生産が行なわれた安価な護身用拳銃である「固定弾巣」「有鶏式」タイプの「アメリカン式輪胴拳銃」があるほか、護身用として「短銃身」「無鶏頭」タイプの小型拳銃も生

産している。

ホプキムス・アレン製銃社

「ホプキムス・アレン製銃社（Hopkins & Allen Firearms）」は一八六八年に創立した米国の銃器メーカーであり、一九一六年に倒産しており、翌一九一七年に、一八七〇年創業の「マーリン製銃社（Marlin Firearms）」に買収されている。

「ホプキムス・アレン製銃社」の拳銃の特徴として、特許を取得したバネ仕掛の「折畳式撃鉄」がある。

この「折畳式撃鉄」の特徴は、「有鶏頭式輪胴拳銃」を「無鶏頭式輪胴拳銃（ハマレス式）」と同様に護身用拳銃をポケット内に収納した場合の引っ掛かりを防止するとともに、射撃時に「折畳式撃鉄」を起こすことで「有鶏頭式輪胴拳銃」の特徴である精密射撃機能を兼ね備えたものである。

この特許を取得した「折畳式撃鉄」は、「ホプキムス・アレン製銃社」以外にも「ハルベルト・ブロース製銃社」の製品でも多用されていた。

「ハルベルト・ブロース製銃社」は、「マーイン・ハルベルト（Merwin Hulbert）」が一八五六年にニューヨークで「マーイン・ハルベルト製銃社」の名称で創立した製銃社であり、「ホプキムス・アレン製銃社」の株式を五割保有していた。

一八八八年の「マーイン・ハルベルト」の死後に、「ハルベルト・ブロー

「ハーリングトン・リチャアドソン製銃社」製の引落式元折形有鶏頭輪胴拳銃。口径は32口径（6連発）と38口径（5連発）があり、イラストのタイプは1883年から1941年まで生産が行なわれたタイプであり、「アメリカン式輪胴拳銃」の別名を持つ

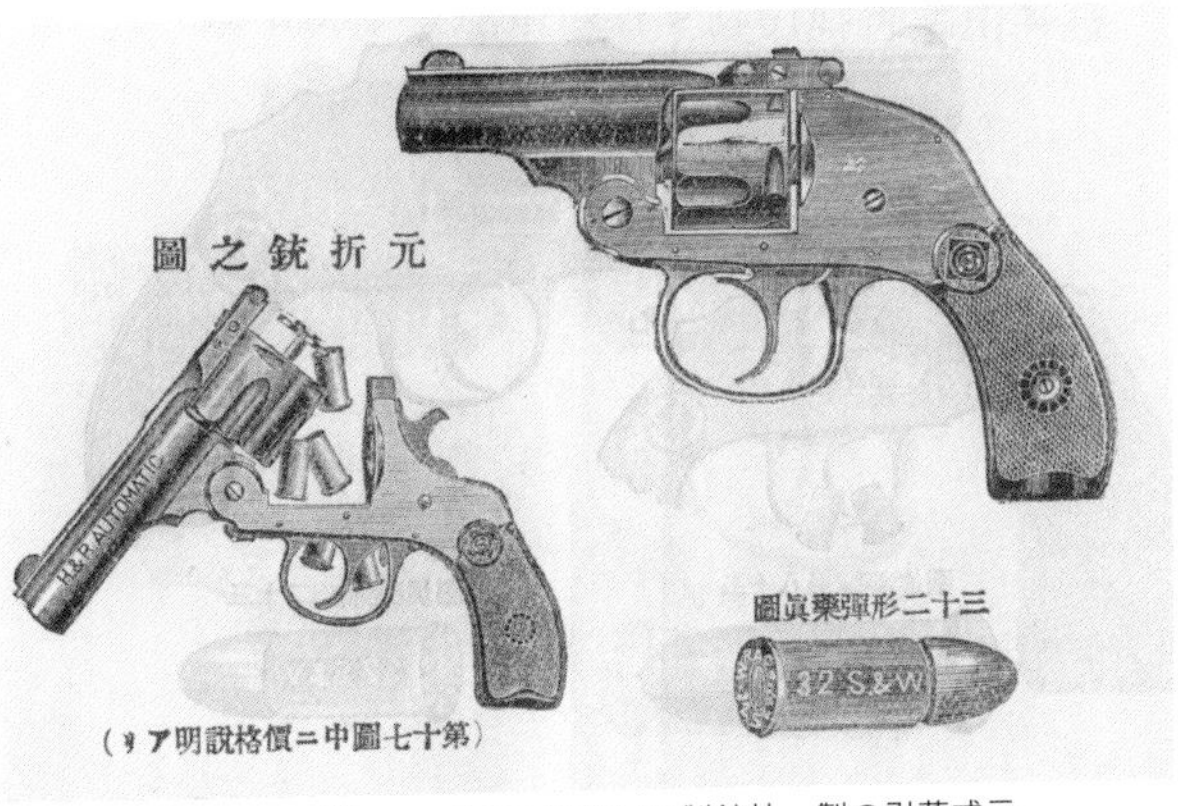

「ハーリングトン・リチャアドソン製銃社」製の引落式元折形無鶏頭輪胴拳銃。前掲の拳銃の無鶏頭タイプである

ス製銃社」と改名するも、その後一八九四年に倒産して「ホプキムス・アレン製銃社」に買収されている。

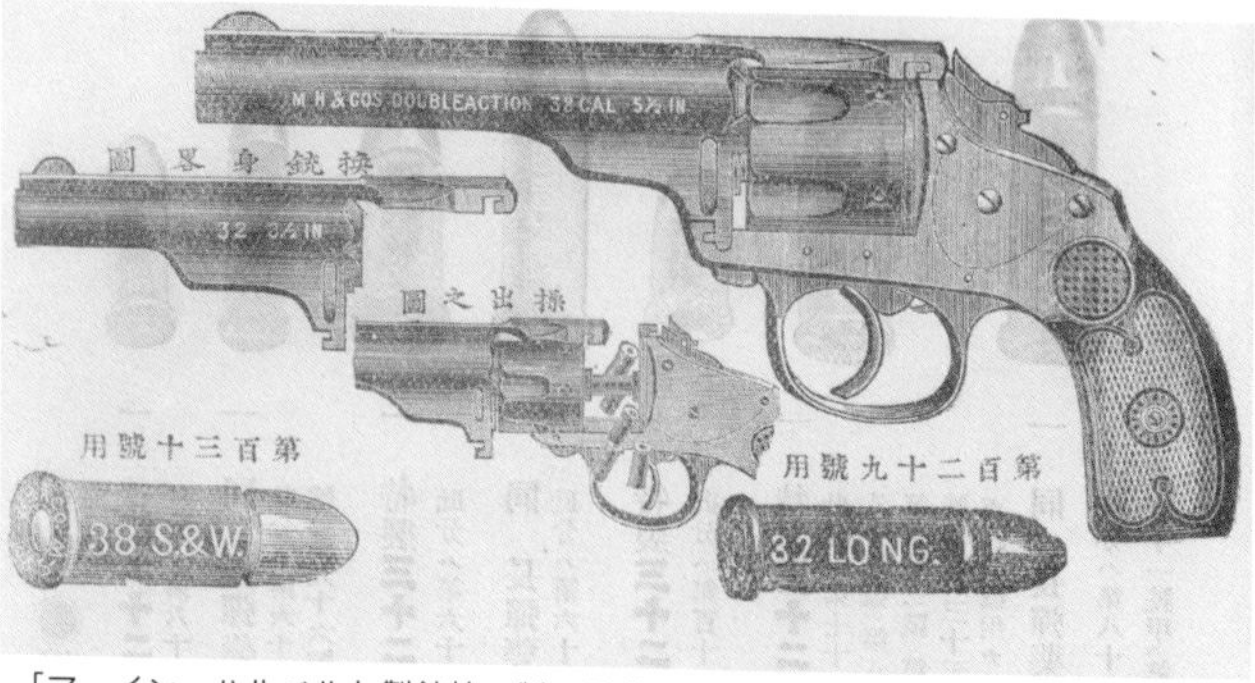

「マーイン・ハルベルト製銃社」製の引落式繰出形輪胴拳銃。弾薬の装填には弾巣を銃身ごと前方へスライドさせる「繰出式」が採用されている。口径は32口径（7連発）と38口径（5連発）があり、銃身は護身用の3.5インチと軍用の5.5インチの2種類があり、適宜に交換することも可能であった。撃鉄は「ホプキムス・アレン製銃社」が特許もつ「折畳式撃鉄」が付けられている。この「マーイン・ハルベルト製銃社」は後に「ホプキムス・アレン製銃社」に買収されている

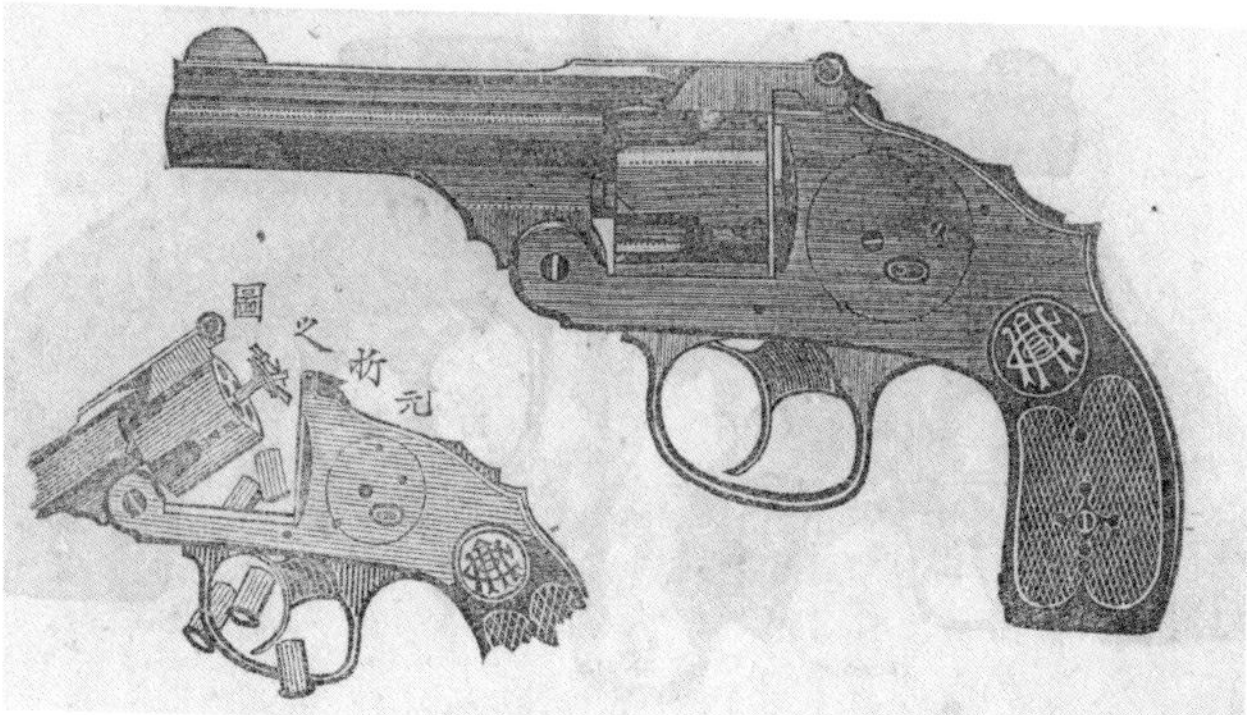
「マーイン・ハルベルト製銃社」製の引落式元折形無鶏頭輪胴拳銃。口径は32口径（6連発）と38口径（5連発）があり、この銃の特徴として「無鶏頭拳銃」でありながら「銃握」と「輪胴」の間にあるノッチタイプの「起働器」の切り替えにより「有鶏頭拳銃」と同様の撃鉄を下ろしての精密射撃が可能であった。この「起働器」を「銃握」側に寄せている場合は通常の「無鶏頭拳銃」としてのダブルアクションオンリーの射撃を行なうことが出来、「起働器」を「輪胴」に寄せると引金の作動機構が2段式となり、1回目の引金操作で「撃鉄」が起こされ、2回目の引金操作で射撃が可能なシステムであった

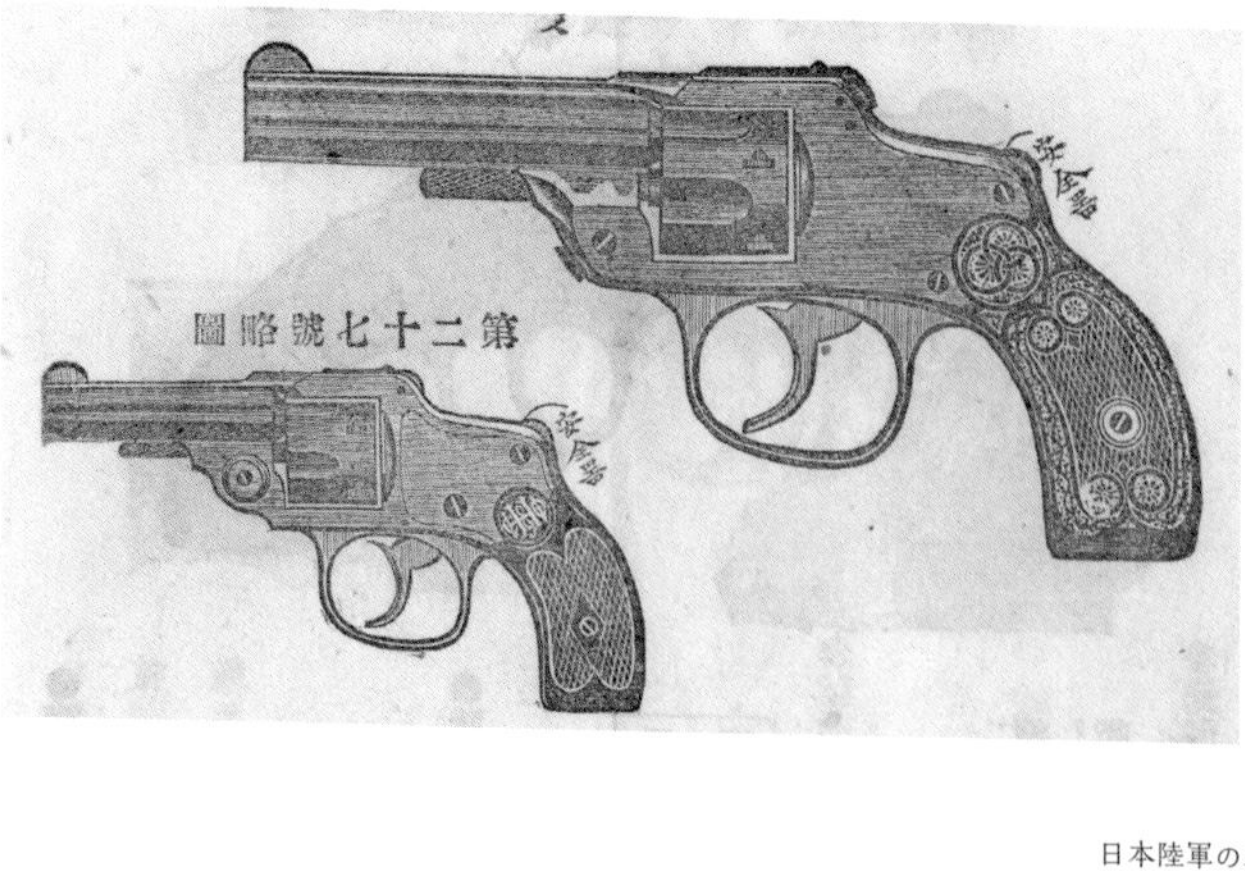
「マーイン・ハルベルト製銃社」製の引落式無鶏頭輪胴拳銃。口径は32口径（5連発）と38口径（5連発）があり、「銃把」上部にノッチタイプの「安全器」と呼ばれる安全装置が付けられている。イラスト上は固定弾巣タイプで、イラスト下は元折式弾巣タイプである

フォアハンド・ワズワース製銃社

「フォアハンド・ワズワース製銃社(Forehand & Wadsworth Firearms)」は一八七一年に創立した米国の銃器メーカーである。

　代表的な拳銃としては「引落式元折式拳銃」である「フォアハンド・ワズワース製銃社一八九〇年式輪胴拳銃」があった。

　「フォアハンド・ワズワース製銃社」は、一九〇二年に「ホプキムス・アレン製銃社」に買収されている。

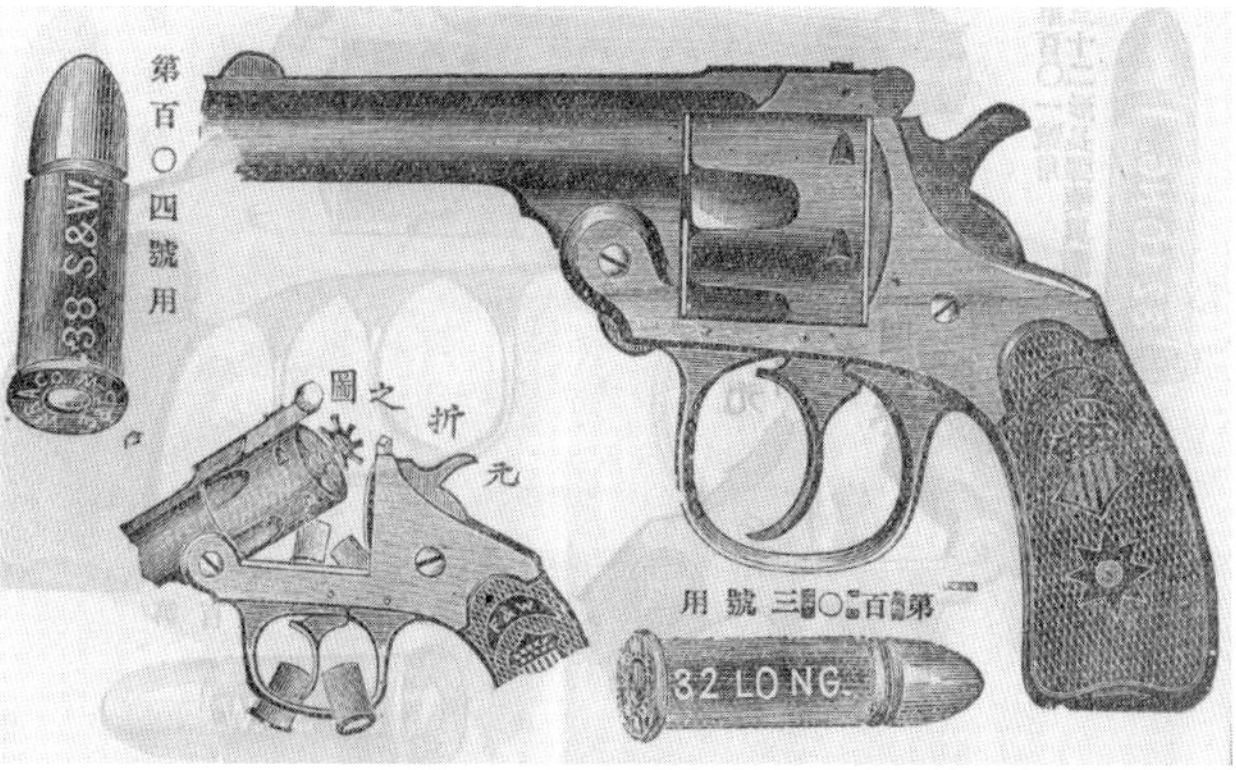

「フォアハンド・ワズワース製銃社」製の引落式元折形有鶏頭輪胴拳銃。口径は32口径（６連発）と38口径（５連発）の２タイプが存在した

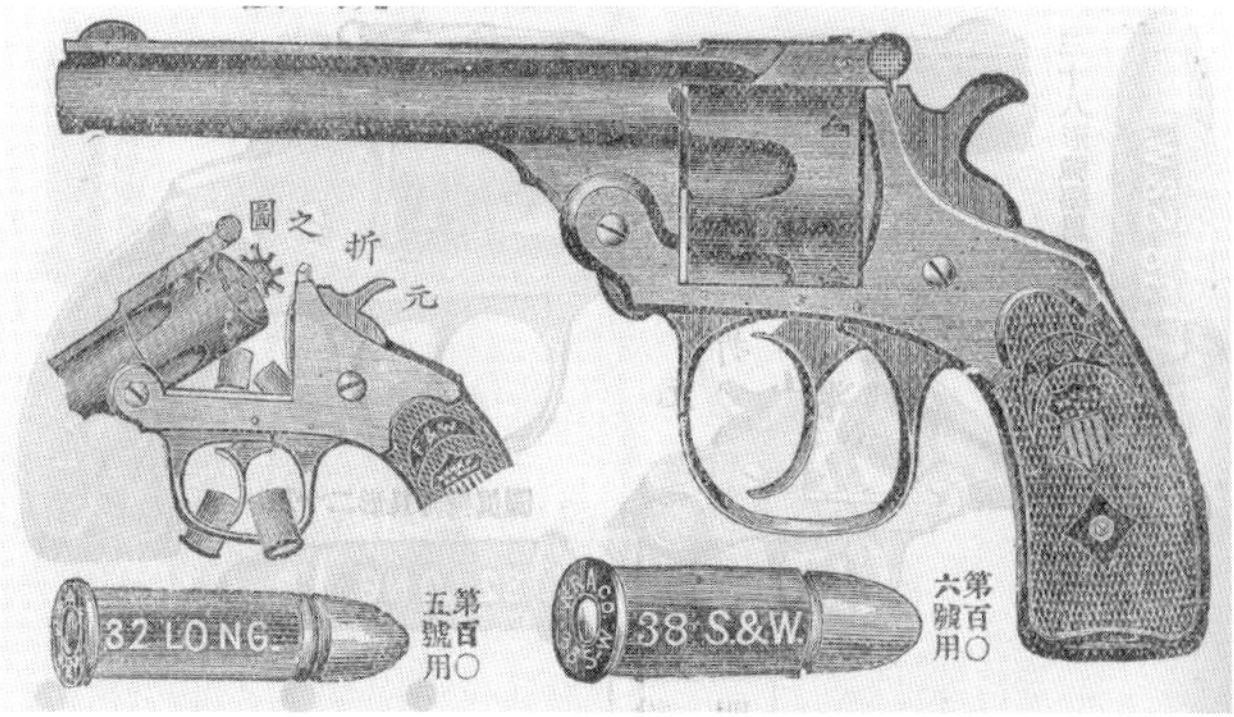

「フォアハンド・ワズワース製銃社」製の引落式元折形有鶏頭輪胴拳銃。前掲拳銃の長銃身タイプであり、軍用と射撃競技用に販売された

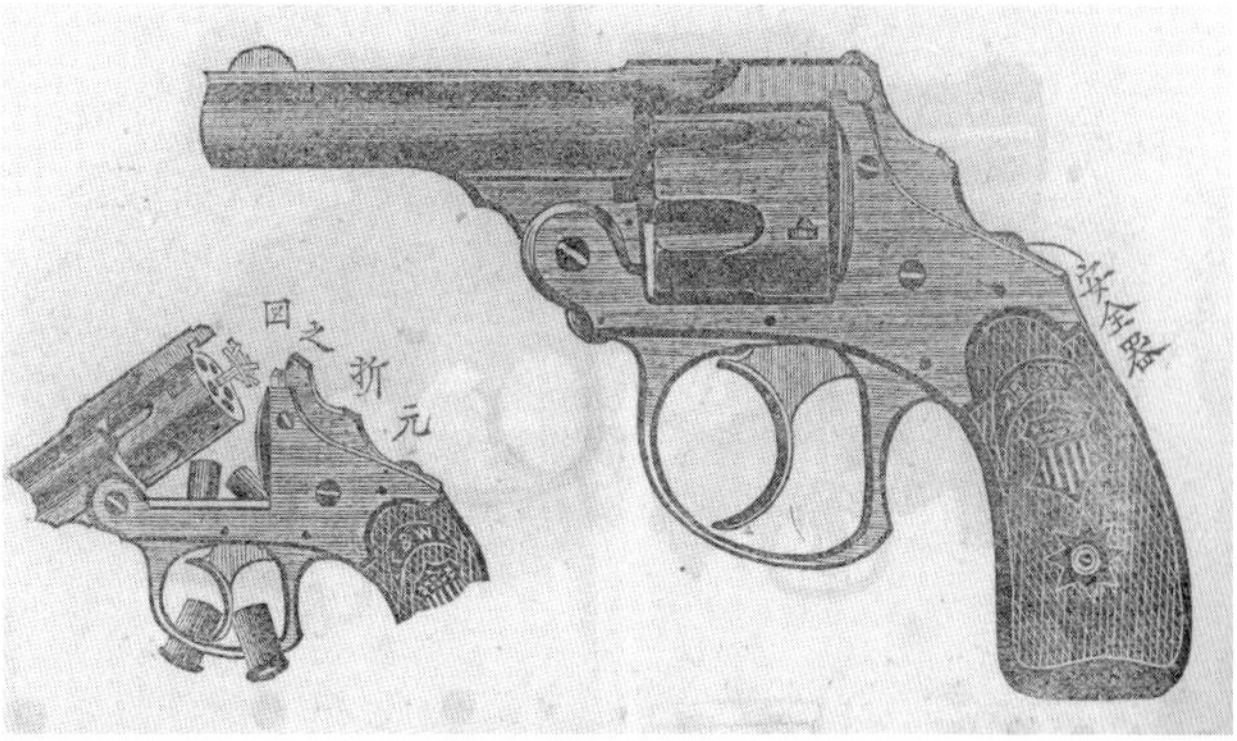

「フォアハンド・ワズワース製銃社」製の引落式無鶏頭輪胴拳銃。口径は32口径（６連発）と38口径（５連発）があり、「銃把」上部に「安全器」と呼ばれるノッチタイプの安全装置が付けられている

あとがき

本書は二〇一九年七月より二〇二〇年十二月まで雑誌『丸』に「明治大正の歩兵兵器」のタイトルで十八回にわたり連載した内容を一冊に纏めたものです。

この連載に際しましては、「明治建軍期」より「明治末期」にかけての日本陸軍の歩兵兵器を集大成したもので、歩兵個人が携帯する各種兵器を図版・写真を用いて平易に解説することをコンセプトとしたものです。

明治建軍期の幕府軍時代から継承され、輸入された各種兵器類は、時代とともに欧米の情報を取り入れつつ進んだ国力の向上に合わせて、陸軍の近代化と連携しつつ逐次に国産兵器へと置き換えられていきました。

当書が、近代戦史継承のための一助となれば幸いです。

書籍発行の機会をくださいました潮書房光人新社の皆川豪志社長に感謝を申し上げますとともに、雑誌『丸』の編集である岩本孝太郎様と、懇切丁寧に編集をしてくださいました書籍編集部の川岡篤様に御礼申し上げます。

また連載にあたり、多くの協力をいただいております「軍事法規研究会」に御礼申し上げます。

二〇二一年十一月吉日

日本陸軍の基礎知識
〈明治の兵器編〉

2021年12月10日　第1刷発行

著　者　藤田昌雄

発行者　皆川豪志

発行所　株式会社　潮書房光人新社

〒100-8077
東京都千代田区大手町1-7-2
電話番号／03-6281-9891（代）
http://www.kojinsha.co.jp

装　幀　天野昌樹

印刷製本　サンケイ総合印刷株式会社

定価はカバーに表示してあります。
乱丁、落丁のものはお取り替え致します。本文は中性紙を使用

ISBN978-4-7698-1687-4 C0095